植物地理の自然史
【進化のダイナミクスにアプローチする】

植田邦彦 編著

北海道大学出版会

アマミアセビ(瀬戸口浩彰撮影)

扉表:石灰岩の岩山に生育するソテツの群落(瀬戸口浩彰撮影)。沖縄本島の最北部の辺戸岬にて。

口絵 i

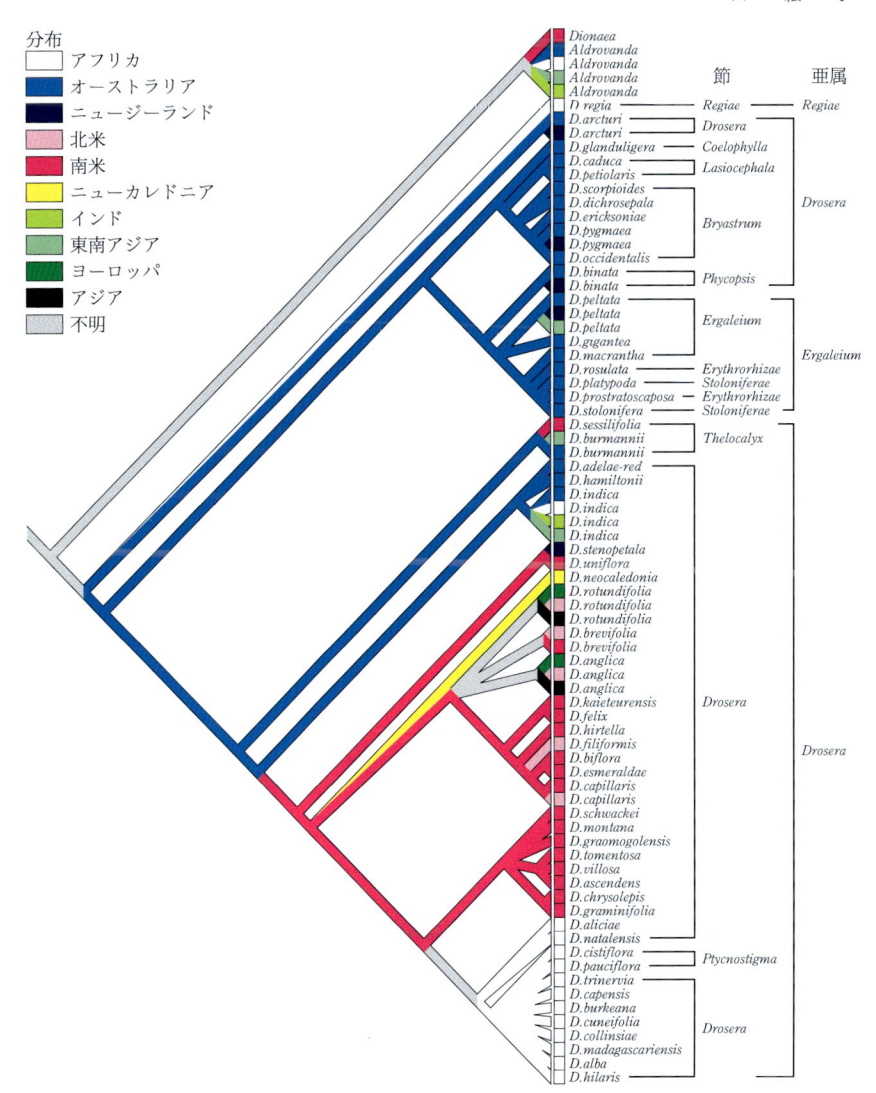

口絵1 *rbcL* 遺伝子の塩基配列から推定されたモウセンゴケ属種間の系統関係（Rivadavia et al., 2003）。それぞれの分布域を色で示し，分布変遷を最大節約的に表示してある。本文143頁からの「モウセンゴケ属内種間の系統関係」も参照。

口絵2 ウスリースク近郊の原野(いがりまさし撮影)。降水量が少ないため,森林が発達しない。水辺にヤナギ科の高木やエゾノウワミズザクラ,やや乾いたところはモンゴリナラとヤエガワカンバが優先する。

口絵3 カラムラサキツツジ *Rhododendron mucronulatum* (いがりまさし撮影)。ゲンカイツツジの基本種にあたる。バックに写っている川は水源を中国に持つラズドリナ川(中国名スイフン川)。

口絵 iii

口絵 4　オキナグサの仲間 2 種(ヒロハオキナグサ *Pulsatilla chinensis*，オキナグサ *Pulsatilla cernua*)が普通に見られ，雑種群落をなしているところも多い(いがりまさし撮影)。この個体は雑種と見られる。

口絵 5　*Heteropappus biennis* とされる野菊(いがりまさし撮影)。日本のカワラノギク *Aster kantoensis* に，形態も生育環境も酷似している。

口絵6 キスミレ *Viola orientalis*(いがりまさし撮影)。日本では，富士山一帯と阿蘇山一帯などに限られた分布域を持つスミレだが。ウラジオストク郊外では道端で普通に見られる。

口絵7 タツタソウ *Plagiorhegma dubia*(いがりまさし撮影)。メギ科の多年草。沿海州の名花としてウラジオストクを訪れる日本人に人気が高い。北米東部に近縁種が分布する。

口絵 v

口絵 8 *Aconitum volubile*(いがりまさし撮影)。日本ではめずらしいつる性のトリカブト。近縁と見られる日本のハナカズラ *Aconitum ciliare* は絶滅に瀕している。

口絵 9 ヤツシロソウ *Campanula glomerata* var. *dahurica*(いがりまさし撮影)。日本では阿蘇の草原にわずかな個体数が残る絶滅危惧種。沿海州ではごく普通に見ることができる。

口絵10　シデコブシ(植田邦彦撮影)。周伊勢湾地域固有の東海丘陵要素の1種。コブシがより湿地適応した種と思われ，低湿地周辺の疎林中の水路や伏流水路沿いに生育する。

口絵11　ナベクラザゼンソウ(植田邦彦撮影)。近年になって認識された，ザゼンソウに近縁な独立種。北陸から東北南部にかけての日本海側だけに見られる多雪適応型の種である。

目　次

　口　絵

序章　植物地理学の誕生と現状（植田　邦彦）　1

　1．ウォレスとダーウィン　1
　2．生物地理学の誕生　5
　3．植物地理学　9
　4．植物地理学の現状　17

第1章　琉球列島における植物の由来と多様性の形成
　　　　（瀬戸口　浩彰）　21

　1．日本列島とユーラシア大陸を陸橋でつないだ琉球の島々　21
　2．琉球列島での種分化・種内分化の時期 ― 陸橋が形成と分断を繰り返した時期と合っているのか？　30
　　クサアジサイ属の種分化　30／アセビ属の種分化　35
　3．同一種内における遺伝構造 ― 種内の遺伝構造は，かつての陸橋の形の影響をどのように受けているのか？　42
　　ソテツにおける葉緑体とミトコンドリアDNA多型の地理的構造　42／スダジイにおける葉緑体とミトコンドリアDNA多型の地理的構造　49／複数の植物系統地理から想定される琉球列島の陸橋の形態　54
　4．島嶼固有の特性 ― 交雑と遺伝子浸透　58
　5．植物系統地理学の知見をどのように活かすか　70

第2章　南半球分布型植物の分子系統地理（朝川　毅守）　79

　1．南半球において隔離分布する植物　79

2．ゴンドワナ大陸の地史　83
3．分子系統に基づく分子系統地理学の手法　86
4．ゴンドワナ植物の分子系統地理学的研究　91
ナンキョクブナ属　91／シキミモドキ科　96／アテロスペルマ科　98／フトモモ科　101／ヤマモガシ科　104／グンネラ属　107／バオバブ属　110／ナンヨウスギ科　111
5．まとめと展望　114

第3章　被子植物の分布形成における拡散と分断（長谷部　光泰）　121

1．生物地理学における生物区系　122
2．系統樹に基づいた生物地理研究　125
3．より精確な系統樹を求めて　127
4．ドクウツギ　129
ドクウツギ属の分布　130／ドクウツギ科の系統　132／ドクウツギ属の種間系統　134
5．食虫植物の系統　136
食虫性の進化　141／モウセンゴケ属内種間の系統関係　143／モウセンゴケ属の生物地理　146
6．カエデ属の生物地理　148

第4章　沿海州の気候と植生（いがり　まさし）　153

1．沿海州の位置と気候　153
2．沿海州の植生　154
3．目につく西日本との共通種　161
4．沿海州に雨や雪が少ないわけ　162
5．氷期の日本列島と沿海州　165
6．ふたつの火山と縄文人　166
7．里山はタイムカプセル　167

8．変幻自在のオキナグサ　　170
　　9．カワラノギクの故郷　　171

後書きにかえて(植田　邦彦)　　177

　　3冊の本　　177
　　分類地理学との出会い　　178
　　系統地理学的研究　　180
　　「日本海要素」の研究　　183
　　植物地理学研究における標本の重要性　　191

索　　引　　195

植物地理学の誕生と現状

序章

植田　邦彦

1. ウォレスとダーウィン

　1858年6月18日，ロンドン南郊のケント州ダウンの地に邸宅を構えていたダーウィン(1829-82)のもとに，アルフレッド・ラッセル・ウォレス(1823-1913)から重大な論文が手紙とともに届いた。手紙の内容は，多少知り合いといえるようになっていたダーウィンに対し，同封の論文を発表していただければ幸いだという依頼であった。当時のイギリスは社会的地位も学歴も何もないウォレスには学会誌での論文の印刷も学会での口頭発表も不可能な社会だったからである。この郵便物は，遠くオランダ領マレー諸島(ほぼ現インドネシアに相当)東部のモルッカ諸島(インドネシア・マルク州の北部)のテルナテ島からおよそ3か月もかかって届いたものだった(新妻, 1997)。

　論文のタイトルは "On the Tendency of Varieties to Depart Indefinitely from the Original Type"。自然選択という概念が世界で最初に明瞭に示された論文であり，そして著者以外の人間がそれを読んだ最初の瞬間であった。

　同年7月1日，上記の論文はダーウィンとウォレスとの共著という形で，ロンドン一の繁華街であるピカデリーサーカスからピカデリー通り沿いに少し西に行き，ちょうどフォートナム＆メイソン百貨店の向かいに位置する建物内にある，リンネ協会において発表された。近代生物学誕生の日である。

翌1859年,『種の起原』初版が出版される。しかし,この「大著」にはウォレスのサラワク法則(サラワクにおいて書かれたことからこう呼ばれる)'On the Law which has Regulated the Introduction of New Species (1855)' もテルナテ論文(前頁の論文は,テルナテ島において書かれたことからこう呼ばれている)も,そして,彼の名さえも,一切引用されていない。なお,Introduction とはウォレスによって当時の概念とは大きく異なり,進化,に近い意味で使われている。帰国後のウォレスとダーウィンは終世深い友情に結ばれ,互いに研鑽を積んでいる。特にウォレスは終世ダーウィンを尊敬し,ダーウィンを立て,褒めたたえていたという。にもかかわらず,ウォレスの帰国後に出版された版においてすら引用がないのは,だから,理解できない。テルナテ論文にまつわるダーウィンの策謀についてのさまざまな憶測はやはり正しく,後ろめたさからかえって名前を出さないようにしたのであろうか(ブラックマン,1994;新妻,1997)。

ただ,よく誤解されているようだが,進化論を最初に打ち立てたのがダーウィンかウォレスか,が問題なのではない。進化についてはもはや彼ら一部の研究者のなかでは当然の事実だったのである。また事実の集積においては圧倒的にダーウィンが勝っていたことも明らかである。そうではなくて,問題はなぜ進化が起こるのか？ 何が進化の原動力なのか？ であった。神の力でないとすると進化の原動力は何なのか。それが大きな壁となって立ちふさがっていた。よく紹介されているエピソードに,下記に紹介する米国の植物学者グレイに対しダーウィンは,ウォレスからの論文より何年も前に進化についてのアイデアに関する手紙を出しているとして,ハックスレーやフーカーのいれ知恵によってダーウィンのプライオリティを証明した,もしくはでっちあげた,というものがある。しかし,この手紙の存在が事実であろうがなかろうが,論文ではないのでプライオリティの証明になるのかどうかも疑わしいし,そもそも進化についての断想である。自然選択について,ではない。重要なのは進化の原動力が自然選択であることを明快に最初に表明したのは誰なのか,だ。判明している限りの資料からは,それはウォレスである。

こうして，世間的にはウォレスは進化学ではダーウィンに成果を独り占めにされたが(ウォレス自身もそれを望んでいたのだが)，生物地理学ではその祖としての地位を築いた。ゲーテがその用語の提案も含めて形態学(特に植物形態学)の祖であるように，ウォレスは生物地理学(特に動物地理学)の祖なのである。

ウォレスは，裕福で働かずに一生を研究三昧で過ごしたダーウィン(ウェッジウッド創設者の孫であるいとこどうしの家庭をもった)とは根本的に異なり，貧困な家庭に生まれ小学校すら満足に出ていない。当時のイギリスではそのような人間は学会に入ることすらできなかった(後年の彼の学会などでの多少の活動は，ダーウィンたちによる強力な推薦があってのことであった)。

長じて後，生活のために金持ちに動物標本などを売って生計を立てる道を選んだ。もっとも当時の手紙によると進化や生物地理についてかなり明確な解明意欲があったようだ。そして，その解明のためと加えて生活のために，ベイツ擬態などに名を残す終世の友人であるベイツと共にアマゾンに向かった(1848-52)。彼はアマゾンに赴く前年にベイツ宛に「(アマゾンを広く調査すれば)種の起原の理論への見通しが得られると確信している」と『種の起源』の出版12年前にすでに述べているのだ。そして「変異，配列(現在の用語では分類体系)，分布に興味がある」と(新妻，1997)。

残念ながらマラリアにかかり，体の不調を感じた彼はベイツを残して独り帰国することになった。多くの標本は販売のためにすでにイギリスに送っていたが，最も重要な標本の一群や貴重なメモなどは自らたずさえて帰国することとしたのだが，それが裏目に出た。帰国時に船が火災に見舞われ，彼は命以外のすべてを失った。生きるための動物採集に加え，動物地理学的な考察はアマゾンでかなり形を整えつつあったが，如何せん，論議する標本もデータもメモもすべては海の藻屑となった。

その後立ち直った彼は，この目的の達成のために引き続き標本販売を生活の糧にしつつ，今度は独りで東南アジアに向かうことにした。マレー諸島の無数の島々のなかでのさらに長年の(1854-62)採集行(図1)は，ダーウィンの

ビーグル号による調査(図2)に勝るとも劣らない経験を彼に与えた。島ごとの，そして島のなかでの生物種の変化への洞察は当然の結論に至った。すなわち，ウォレスは1855年3月にボルネオ島の英領サラワク(現マレーシア・サラワク州)に居たときに，早くも滞在1年目にしてサラワク法則を書いてイギリスの一般科学雑誌に発表(同9月)し，進化の実態を描写するに至ったのである。「あらゆる種は以前に存在した近縁な種と時間的にも空間的にも重なり合って出現した」と説いたのであった。サラワク法則は単に進化について

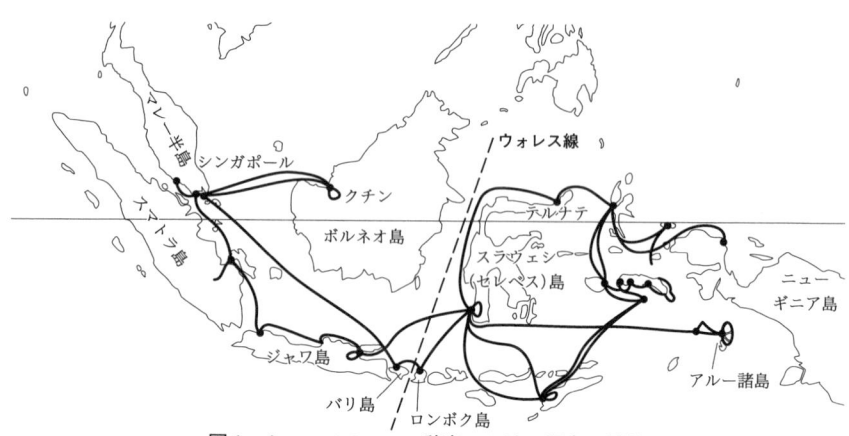

図1　ウォレスのマレー諸島における調査の行程

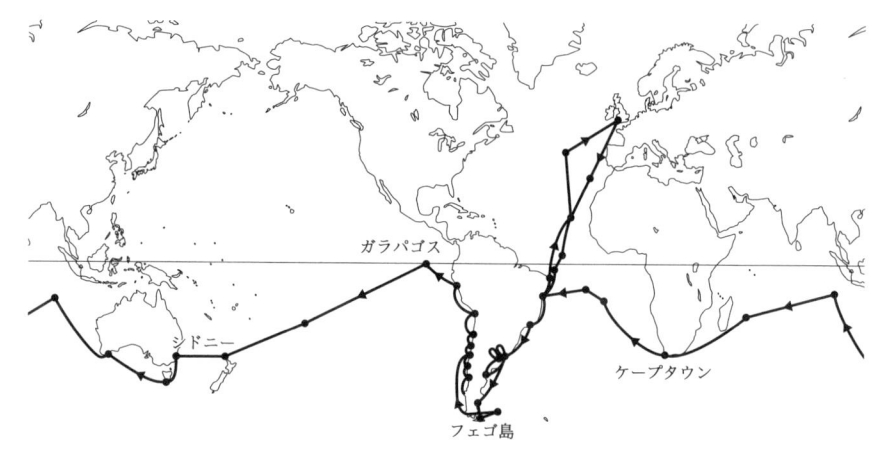

図2　ダーウィンのビーグル号調査の航程

述べただけでなく，すでに地理学的(空間的)分布と地質学的(時間的)分布を結びつけて考察している。空間と時間の統一的把握が明確な彼の目的であり，漸進主義が主要なキーワードとなっている(ブラックマン，1994；新妻，1997)。ダーウィンがライエルから「この論文を読んだのか，このままだと先を越されるぞ」と忠告を受けたことは有名な逸話である。

彼はさらに議論を発展させ，1858年3月にテルナテで，アマゾンからひきずってきたマラリアの熱にうなされながらもテルナテ論文を纏め，3月9日にオランダ船に手紙を託している。学会発表の術がない彼が，サラワク法則を発表した誰でも投稿できる雑誌ではなく，権威ある学会での発表を望んだからである。ダーウィンにその橋渡しをしてもらうつもりで(新妻，1997)。

2. 生物地理学の誕生

ウォレスはマレー諸島滞在中に，上記2編以外にも多くの論文を書きつつ，一方で生物地理学的な考察を深く進めていた。サラワク法則でもすでに固有種や固有属はその地域が長期間にわたって隔離されてきた結果生まれたとし，隔離の過程で類縁の近い系列が絶滅し，結果，固有で孤立したように見えると論を立てている。また，適応放散や収斂現象にも言及し，南米とマレー諸島で似た環境には似た生物がいることを指摘している。

生物地理学的な知見とその解析は，少なくとも最初は，膨大な経験とそれを解析できる能力を持った者からしか生まれない。

ウォレスの名著『マレー諸島』などからその足跡と思考過程を辿ってみる。彼は既知の知見と彼が得た情報に基づき，マレー諸島の動物相の解析を行い，次に示す例のような結論を多々得た。ライエルの名著がビーグル号に乗った若き日のダーウィンに多大な影響を与えたのと同様に，そして，それを超えて自らの知見などを地史的に解釈し，逆に過去をよみがえらせる試みをすでに行っている。例えばマレー諸島西部とアジア大陸の動物相を詳細に比較し，当該地域の海の浅さから判断してマレー諸島西部が大陸とかつては陸続きであったろうと想定している。これは現在ではまったくその通りに実証されて

おり，第四紀の氷河期にはスマトラ・ジャワ・ボルネオの3大島と周辺の島々は，これらを合わせてスンダ大陸と呼ばれるアジア大陸東端に位置する地域になっていた。そして島の間で動物が互いにほとんど同じかまったく同一であることから，地続きになったのは地質学的にごく近年のことで，鮮新世後半よりも古くないとしている。まさにその通りである（もちろん著書ではもっと深く厳密に詳細に検討している）（ウォレス，1991；新妻，1997）。

　例えば，彼は8年間にわたるマレー諸島での調査行中の次のような体験をつぶやいている。「ロンボック島からバリ島に渡ると例え目隠しをされていても今バリ島に移ったということが断言できる。なぜならロンボックの森のなかはうるさくてしかたないのに対し，バリの森のなかは静寂に満ちているからだ」と。これはまさにウォレス線そのものを語っている。すなわち，ロンボックはオウム類の発見される最も西よりの地点だからである。オウムやインコ類の鳴く声はけたたましい。それらがいないバリの森林は静かなのである。知識として知っていたのではない。彼は豊富な経験からロンボックがオウム類の分布西限であると断定できたのだ。この狭い，わずか24 kmしかない海峡が有名なウォレス線の南の出発点，ロンボック海峡なのである。地図を見ればすぐ実感できるが，大陸の一部であるマレー半島に近接してスマトラ島，そして東隣すぐにジャワ島，その北側にボルネオ島と大きな島が続いている。そしてジャワ島のすぐ東隣に狭い海峡を経て観光で有名なバリ島がある。上記3島と比較して，このバリ島から東に連続する島々は，スマトラ-ジャワの描く緩いカーブと同じカーブの上に乗ってはいるが，すべて小さい。小スンダ列島である。この列島はジャワ側から見ていってもニューギニア側から見ていっても，どこかにはっきりした切れ目があるとはまったく思えず，行儀よく隣接している。だから，ジャワまでとバリ以東なら島の大きさがまるで違うので，ジャワとバリの間に大きなギャップがあるのならよくわかる話だ。フロラもファウナも面積の影響を大きく受けるからである。しかし，何をどう見ても，バリと近接するロンボックとの間に線が引けるとは到底思えない。そこに，ウォレスは明確な生物地理学的な東と西とを認識したのである（ウォレス，1869）。

一方で，ニューギニアを除くマレー諸島の最東端であるアルー諸島に赴いたウォレスは，ニューギニアと同一といってよい種がほとんどであることに，まったく逆の驚きを感じた。同一である理由は，スンダ大陸を予言したのと同様，ニューギニアとアルー諸島の間(バリ-ロンボック間よりはるかに離れている)は広いが浅い海が続いておりかつてはつながっていたことにあると，地史的に，彼は考えた。サッフル大陸である。さらにオーストラリアとニューギニアとでは本質的には同じであっても，かなりの差異があり，それはアルー諸島と比較して海の広さと深さとに原因が求められるとした。これに対し，バリとロンボックは狭いが深い海峡によって隔てられている。こうして地史と隔離という概念がしだいに醸成，成熟していったのである。地史的に考えることは今では当たり前以前のことかもしれないが，当時としてはまったく新しい概念といってもよいほどであったのだ。

こうした考察の初期の段階は1857年までにははっきりとした形としても表明されており，こうして生物地理学という学問分野が誕生し，そしてアジア界とオーストラリア界という区系地理学的認識が成立したことになる。ロンボック，セレベス以東には今でいうゴンドワナ要素(オウム・インコ類，走鳥類，有袋類など)が見られ，それに対しバリ，ボルネオ以西にはアジア要素(ライオン，サイ，象など)が見られるという事実を生物地理学的に表現したのである。

1859年にはダーウィンによってリンネ協会において「マレー諸島の動物地理学について」と題したウォレスの論文が読み上げられ，帰国後の1863年には「マレー諸島の自然地理学について」という論文において区系は地図上に明示された(新妻，1997)。

なお，有名なウォレス線の名そのものはダーウィンの友人ハックスレーによって，ウォレスが提唱した幅わずか24 kmのロンボック海峡からボルネオ島とセレベス(現スラウェシ)島間のマカッサル海峡に至る分布境界線に対し1868年に命名されたものである。ただし，よくいわれるようにマカッサル海峡以北については，ハックスレーとウォレス自身とではフィリピンの扱いが異なるので，ウォレス線の名が与えられた線そのものはウォレスの考えた

ものとは一部異なっていることになる。

　上記のように多くの論文や書物でこの考え方はさまざまに書かれているが，彼の最も有名な書である『マレー諸島』(1869)で最初に纏まったアイデアとして全体像が提示され，またなぜそのような「線」が存在するのかが説かれた。そして，最終的に進化学的な生物地理学として纏められたのが『動物の地理的分布』(1876)であった。こうして最終的に生物地理学が確立した(新妻, 1997)。

　現在ではウォレス線は第四紀氷河期におけるアジア大陸(スンダ大陸)の東端と理解されている。一方でサッフル大陸(アルー諸島も含まれる)はゴンドワナ断片としてのプレートに対応する。白亜紀にゴンドワナの最後の分断としてオーストラリアが南極から分かれて北上を始め，アジア側のプレートと衝突し，大洋中に多くの島を形成していったのがおよそ中新世のころである。したがってこの衝突によって形成された島嶼群には東西両方向からさまざまな機会にさまざまな生物の移入が起こり，偶然と必然の絡み合いのなかで現在の分布が固まってきた。そのなかで明瞭なゴンドワナ要素の西の端に着目すればウォレス線が認識できることになる。

　ウォレス線以降，島嶼部には雨後のタケノコの如く多くの「線」が提唱され，'Too Many Lines'と評された。自分の専門とする生物群の分布境界を見つけ出しては，真の東西の境界線はここだ！との宣言が繰り返された。二番煎じは簡単なことである。このなかで今でも意義のあるのはウェーバー線であろう。魚類のなかですべてが淡水魚である唯一の科，コイ科は当然のことながら海を越えて分布を広げることができない。そのコイ科の分布の東限がこのウェーバー線なのである。人類による食料としての意識的な運搬を考慮しない場合には強く興味をそそられる分布境界である。こうした議論に最終的な「正解」はない。そこでこの両線の間をウォレシアと呼んでおくことになっている。

　いずれにせよ，ウォレスの貢献がこれらの問題によって減ずることはまったくない。ただ，残念なことにこの分野は，全体としてはその後率直にいえば区系地理学に矮小化されていった。また，ウォレスは植物地理学について

の言及はほとんどない。

　これまでのウォレスとダーウィンについての稿では次の著作を参考させていただいた。

ブラックマン, A. C. 1980. A Delicate Arrangement.［羽田節子・新妻昭夫訳. 1984. ダーウィンに消された男. 369 pp. 朝日新聞社］
新妻昭夫. 1997. 種の起源をもとめて―ウォーレスの「マレー諸島」探検. 403 pp. 朝日新聞社.
ウォレス, A. R. 1869 (第 10 版 1890). The Malay Archipelago.［宮田彬訳. 1991. マレー諸島(第 10 版に基づく). 685＋47 pp. 思索社］

3. 植物地理学

　植物地理学での大きな変革は，これまたダーウィンの盟友の一人，エイサ・グレイ (1810-88) によって，『種の起源』と同一年に発表された。第三紀周北極要素の残存分布様式という概念である (Gray, 1859)。東西両大陸隔離分布を示す植物群がどのようにしてこの不可解な分布型を示すに至ったかなどについて，歴史地理学的な解釈を示したものである。

　少し時代背景を考えてみよう。17〜19 世紀はヨーロッパによる収奪の時代であり，とにかく世界中の産物がヨーロッパに，後には米国にも集まった。例えば宣教師は純粋な宗教的目的というより，政治的な理由も含めあらゆる意味でヨーロッパ的世界観というものを世界中に押し付けていたわけだが，彼らの多くはまた同時に優秀な植物採集家であり，今に名を残す人も多い。また，出島三学者といわれる医師として赴任していたケンフェル，チュンベリー，シーボルトも多くの植物標本をヨーロッパにもたらし，日本の植物誌を最初期に築いている。ほかにもこの時代には植物に関連したことに限っても数限りない重要な事象があるが，本書の目的とは直接には関わらないので省かせていただく。いずれにせよ，われらがウォレスもグレイもそうした時代背景のなかで標本を採集し，論文を発表したのである。よくも悪くも博物学の時代であり，大英博物館等に代表される収集の時代であったのだ。

　さて「泰平の眠りをさます上喜撰たつた四杯で夜も寝られず」という有名

な狂歌がある。もちろん，高級な煎茶(上喜撰)を寝る前に4杯飲んでしまったおかげで寝そびれた，という歌ではない。たった4隻の蒸気船に慌てふためく幕府をからかったものとして教科書にもよく取り上げられる。この黒船の艦長，ペリーもまた，上記のような植物採集家の一人といったら驚くであろうか。そして彼の採集した標本が歴史に，少なくとも植物学史に，永久に名を残す学説の基になったことをご存知だろうか。

　実は遠く離れた東アジアと北米東部の植物相はたいへんよく似ている。しかし，両者は単に距離にして1万km以上離れているという以上に，さらに太平洋が大きく互いを隔てている。ところが実際に日本の森林とアパラチア山脈の森林の構成種を見比べてみると，ほとんどは属のレベルで同じものか違っていてもごく近縁属どうしである。言い換えれば，日本からアパラチアに初めて突然連れて行かれたとしても，日本の植物をある程度知っていればたいていのものは何の仲間かはすぐにわかるということだ。こうした事実の基になったのがグレイの手元にもたらされた東アジアの植物標本であり，そのひとつがペリーが函館で採集した植物標本だったのである。当時，教育を受けた人たちにとって，遠隔地に赴いた以上その地の自然産物を採集し自国の研究者に贈呈するのは当然の行為だったのであろう。こうして函館の植物がグレイにもたらされ，彼は北米の植物との類似にひどく驚くことになったのである。さて，このような遠く離れた地域のフロラの似かよりはいったいどういうことによるのだろうか。

　一方で，特定の分類群が両者にのみ著しい隔離分布をする例が随分とある。例えば，日本を含む東アジアに分布するザゼンソウは近縁種が北米東部に生育する(図3)。モクレン科の分布は東・東南アジアと北米東部から南米北部である。ほかにもこうした東西両大陸隔離分布様式を示す属や科はかなりの数にのぼる(図4)。

　まずグレイの考えを理解するために，前提となる事実を示そう。よく知られているように第四紀は激しい氷期と間氷期の繰り返しである。氷河期には広大な土地が大陸氷河などに覆われ，死の世界となる。一方で氷河に閉じ込められてしまい放出されることのない水があることにより，海水面は新たな

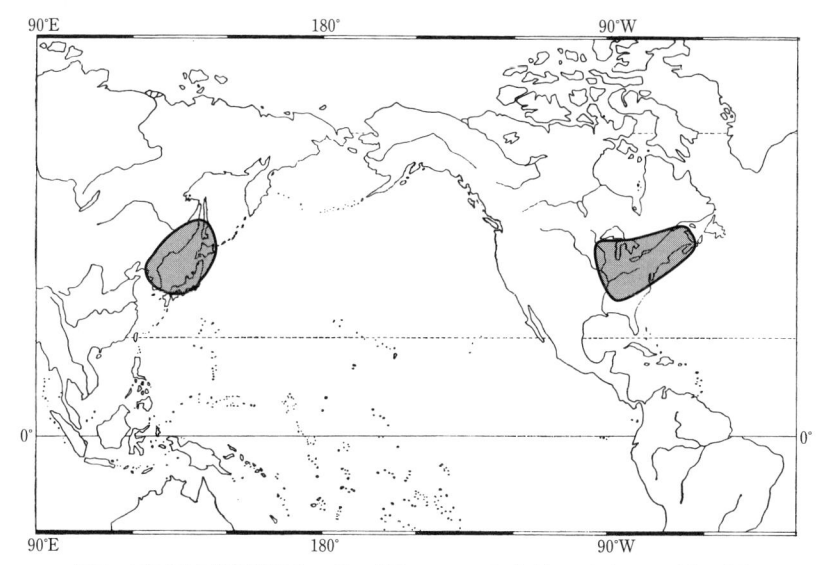

図3 東西両大陸隔離分布の例 1(堀田，1974 を改変)。ザゼンソウ属の分布

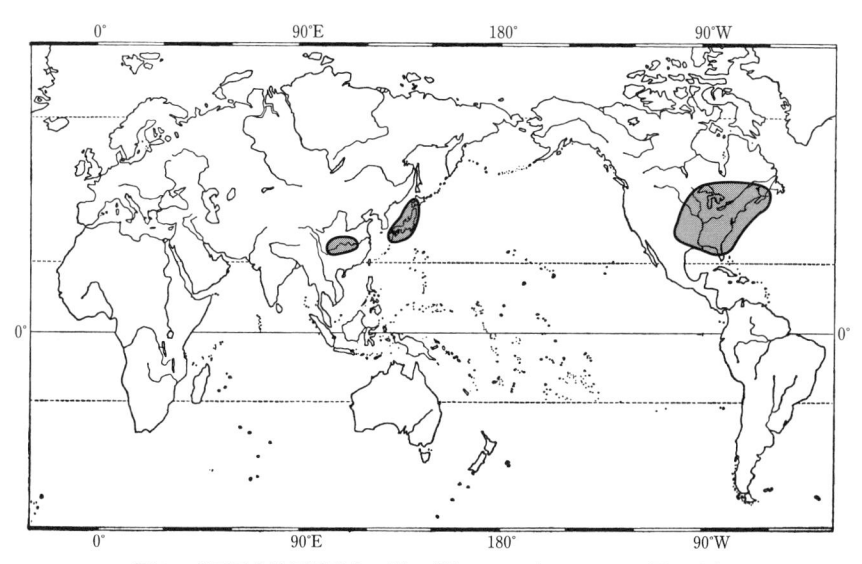

図4 東西両大陸隔離分布の例 2(堀田，1974)。マンサク属の分布

補充が極端に減ってしまうため下がり，結果，浅い海は干上がってそれまで海峡に隔てられていた土地同士が陸続きになるところも現れてくることになる。このような第四紀に対し，第三紀は敢えて均せば常春の時代であった。大まかにいえば，現在の温帯林に近い組成の森林が第三紀周北極要素（植物群）として存在し，現在では亜寒帯林が広がる広大な地域を均一に覆っていた。一方，現在の温帯域は第三紀（旧，新）熱帯植物群が生育していた地域であった。このようなことが化石からわかっている。

　しかし，このどこまでも続いていた周北極植物群は今はどうなっているのだろう。実は第三紀から続く要素が見られるのは東アジアと北米東部に限られるのだ。第三紀周北極地域の森林構成種は現在の日本や北米東部の森林植物相に数多く残っている。他所は乾燥地帯が広がって砂漠になっているか，よくてヨーロッパの貧困な植生であって，湿潤な第三紀の要素を見ることはできない。別の面では，第三紀周北極要素は南下していることになる。

　この現実を歴史的に，すなわち地史的に解釈しようと試みたのがグレイである。当然，このように考察することは地質年代によって生物相が変遷することを認識し，また絶滅種が存在するとともに一方で新たに生まれた種が存在することを事実として認識することになる。それは進化という概念に必然的につながっていく。ダーウィンと交流を重ねて行くことになるのは当然の流れであった。もちろんダーウィンも植物相がこのように変遷することは進化の概念を支える重大な事実であると認識することになった。もっともグレイ自身はかなり信心深く，必ずしも進化論に全面的には賛同しておらず，むしろ場合によっては神以外の要因による進化を否定する局面もあったようである。しかし，彼は科学者であり，事実が指し示すことには忠実であり，また個人的にはダーウィンの米国での強い援護者であった。

　さて，グレイは自らの手元に集積された標本やそれまでの知見に基づき，東アジアと北米東部の著しい森林植物相の類似と，東西両大陸隔離分布植物群の存在を明確にし，その原因について思索を深めた。そして，その理由を地球の歴史に求めたのである。ひとつは第四紀における大陸氷河である。第三紀に広がっていた温帯林地域はしだいに寒冷化が進み，さらに第四紀に

入っての氷河期と間氷期の繰り返しの時期に至る。氷河期には大陸氷河が大陸の北西端からおおむね南東方向に広がっていく(これは地球の自転の影響である)。氷河の下は完全に無生物状態，死の世界になる。山火事どころか巨大な火山噴火による火砕流や膨大な降灰があってすら完全な無生物状態にはなかなかなるものではないことが知られている。しかし，大陸氷河の下は別だ。温度はともかく，想像を絶する圧力と完全な暗黒下となり，事実上無酸素状態になる。それが広大な地域を覆い尽くし，場合によっては何万年も続く。こうして例えばアルプス以北のヨーロッパは基本的に無生物状態となり，1万年前に間氷期が始まって徐々に氷河が撤退を始めて北に退いていった。何もなくなった大地で，生物相はレヒュージア(避難所)からの分布拡大などによりゼロからの遷移が始まったことになった。例えば日本とおおまかには同じ面積の同じような島国であるイギリスの維管束植物相がわずか250種程であるのに対し，日本は5,000種を超える。日本は一度も大陸氷河に覆われることがなく，氷河期には北から，間氷期には南から避難して来た植物が集積され，第三紀からの先住植物相にそれらが加わっての5,000種である。北米東部も同様だ。

　一方で，第三紀後半からしだいに出現してきた温帯域での乾燥地帯の拡大がそれに拍車をかける。こうして大陸の北西部から中央にかけては古い第三紀型の植物は絶滅してしまい二度と復活することがなかったのに対し，大陸南東部に位置する東アジアと北米東部は大きなレヒュージアとなって豊かな植物相を温存した。こうして第三紀周北極要素植物群の残存分布様式としての隔離分布と森林植物相の強い類似が現在見られると結論づけたのだ。

　たいへん理路整然とした納得できる考え方であり，生物と地球のダイナミズムを高らかに示した考察である。種の進化だけに矮小化するのではなく，地史としてダイナミックな生物世界の躍動を全体として物語っている。植物地理学の成果として最初の金字塔である。

　確かに現在ではこの考察はそのままに支持されてはいない。隔離分布を示すさまざまな植物群において，アジアからベーリンギア(ベーリング海峡とその周辺地域)を通って渡って行った植物やその逆方向の分布拡大が化石情報の

解析や分子系統解析でいくつも示されている。

　例えば東西隔離分布の著しい例としてカエデ科カエデ属ハナノキ節が有名である。日本に自生するハナノキは東海丘陵要素の1種であり，岐阜県東濃地方とそのごく周辺にのみ，わずかに見られるだけという極めて狭い地域に生育する固有種である。近縁種はただ1種アメリカハナノキで，北米東部に分布するだけであり，著しい隔離分布の例として有名だ。なお，同じ節にはもう1種，ちょっと類縁の遠いサトウカエデ(カナダの国木，国旗で有名；メープルシロップを採る)が知られる。このハナノキ節は化石が詳細に研究されている。それによればグレイの考え方はそのままは適応できないことになるのだ。

　この植物群の最初の化石は古第三紀始新世に北米東部に出現する。漸新世には分布を拡大し，さらにはアジアからも化石が出る。中新世には繁栄を極め，東西両大陸で広く化石が見られるようになるが，中新世後半ごろからしだいにベーリンギアでは化石が出なくなり，東アジアと米国内あたりに限定されるようになり，ついに現在では上記のように東アジア側では日本のしかも岐阜県東濃近辺だけに，そして北米でも東部にだけ限定されるに至る(棚井，1986)。

　もっとも，化石はあったことはただちに証明できるが，なかったことの証明は不可能である。もとより資料は不十分であるし，現生のものよりはるかに同定が困難な場合が多いことも考慮しなければならない。また，最後の経過に限ればグレイの考えに沿うかもしれないが，北米西部に出現してベーリンギアを渡ってアジアに分布を拡大したのだし，そもそも氷河期とは関係のない隔離分布である。現在の分布型からだけでは第三紀周北極要素の残存分布とはいえないわけである。

　このような例は特に分子系統解析が進んだ現在では数多く報告されるようになってきた。

　もちろん，そうだからといって19世紀半ばにグレイが至ったこの考え方がなした生物地理学への多大な貢献は，いささかも減ずるものではない。地史と現在の分布を結びつけた卓見であった。

　このようにして確立した生物地理学であるが，いかんせん，類縁関係をひ

もとく困難さ以上にそのさらなる高みを目指した解析は，当時は不可能だった。今では，生物の系統解析はその歩んだ道筋を表す DNA を用いて分子系統学的な解析を行うことにより，難易はさまざまだけれども，とにかく直接的な解析結果としてわれわれは把握することができる。しかし，分布の変遷は，何といっても直接の証拠は何もないし，解析するための直接のデータもない。少なくとも当時は植物の側からも地史の側からも，推測の域を超える考察はできなかったのだ。現在の分布型の解析と化石からのわずかな情報を組み合わせ，地史の知識を加味して解釈していたのだが，プレートテクトニクスによる大陸移動説が認識される以前には特異な隔離分布などの要因解析において，例えば太平洋にかかる陸橋のようなものも「自由自在」に想定して問題解決をはかったりしていた。そうしたものが歴史的生物地理学と称されていたのである。もちろんこうした批判は今から振り返っていうことではある。

一方で，そうした推測たくましい方法論を嫌う人は，しだいに現在の分布型に基づく区系地理学的論議に傾倒していった。事実だけを認識するという美名のもとに歴史の解釈を否定したのであった。

われわれにもっとも密接な「日華区系」という区系(北村, 1957)について考えてみよう。私の世代には極めてなつかしく郷愁がこもった名称だ。そしてこれは日本の基底文化が中国の雲南地方から西南日本まで続く照葉樹林地帯にあり，とする照葉樹林文化の考えとも密接に関連する。そして雲南のみならず，さらに日華区系は西にヒマラヤ回廊を経てカシミールにまで延びる。しかし敢えて客観的に眺めてみると，この区系は東アジアにおいて冷温帯から暖温帯にかけて雨量が相当程度ある地域とほぼ重なる。言い換えればフンボルトの昔に遡り，気候と植生帯を重ね合わせてその一致に科学的価値を見出していた時代と大差なく区系を認識しているにすぎないともいえる。そして，カシミールからさらに西に進んでアフガニスタンが日華区系に入るかどうかというような論議になると，結局は次に示す南方系と北方系論議と同様の思考におちいっていることになってしまっているのではないだろうか。

日本各地の地域植物誌をひもといてみよう。対象地域の特徴としてよく言

及されているのが「南方系植物と北方系植物の双方が生育している貴重な地域」との解説である。これは明らかな誤解である。なぜなら，当然のことであるが，すべての場所がそうだからである。もちろん著しい南限や北限の例，隔離分布の例は，それはそれで議論すべきであり，価値がある。しかし，すべての南方系の植物は種それぞれに分布を北に広げ，一方北方系の植物は南に広げている。日本各地のすべての場所において，それぞれが重なって生育しているのは論を待たない。

　このような区系論議に対し，もう少し歴史的ニュアンスが込められた概念が「要素」である。日本の高山植物の27％はシベリア要素である，などという表現である。対象植物群はシベリアすなわちユーラシア北方に広く生育し，その東端が日本の高山帯であり，寒冷期に日本に渡って来て現在高山に遺存している，という歴史的な解釈も含めたニュアンスにおいて，シベリア要素，というわけである。

　この要素という概念は，もちろん世界的にもよく使われてきた概念であるが，日本の植物誌研究においても多くの研究者や地方植物誌探究者に多大な影響を与えた。

　小泉源一(1883-1953)は東京帝国大学から1919年に京都帝国大学に移り，植物学教室を創設する。まったくのゼロから標本庫を築き，書物を世界中から集め，学生を育てた。東京ですべてが運営されている学会誌に隔靴掻痒の思いでいた彼は，自ら今はなき「植物分類，地理」を創刊し，学会員を増やすために啓蒙記事を数多く書いた。筆者は大学院生のときに植物標本庫の片隅にひっそり柳行李に保管されていた小泉の遺品を「発見」し，すべてを点検したことがあった。その膨大な論文別刷りや，貴重なノート類は圧倒的であった。なかでも最も驚いたのは，小泉自身は現世の植物分類学者であるのにもかかわらず，古植物学の金字塔である Kidston, R. & Lang, W. H.(1917)のライニアに関する論文別刷りをはじめとする古植物学の数多くの別刷りがあったことであった。確かに植物分類，地理には多くの古植物学や地質学に言及した記事が書かれている。単に啓蒙記事というよりは，彼の地史への大きい関心があったからであろう。

その小泉は，その後の日本の地域植物誌研究や植物地理学的研究に決定的な影響を与えることになった概念を提示した。それは「南肥植物誌」という地方植物誌の前言という，論文どころか著作でもない，乞われて書いた序文というべきところに発表されたものであった。それが，中部支那要素，玖摩関東要素，襲速紀要素，満鮮要素，中国要素という5つの要素である。これらの用語が鍵となるその後の著作，論文は枚挙にいとまがない。

なお，なかでも満鮮要素と襲速紀要素はよく目にするが，後者の語源がしだいに忘れられていっているようなので，言及しておく。分布域である九州中部を熊襲の襲で表し，四国へつなげる意味で速水瀬戸の速，そして分布東限の紀州の紀で，ソハヤキ要素である。

ここまでの参考文献は次のとおりである。

Gray, A. 1859. On the botany of Japan. Mem. Amer. Acad. Arts. & Sci. N. S., 6: 377-452.
北村四郎. 1957. 植物の分布. 原色日本植物図鑑草本編（上）, pp. 246-264. 保育社.
小泉源一. 1931. 前言. 南肥植物誌（前原勘次郎著）.
棚井敏雄. 1986. 日本の白亜紀後期―第三紀初期における植物相変遷史の研究. 36 pp.

4. 植物地理学の現状

これらの状況の批判的な紹介と新たな地平の提示は堀田(1974)を待つしかなかった。彼は要素概念を多角的に検証し，また各分布型が現在の気候条件から見るとどう解釈できるかについて明確な視点を提示した。極めて簡潔にいえば，例えば襲速紀要素の分布型は現在の気候によって説明が必要十分につくことを示した。

ここまで記してきた植物地理学の辿ってきた道は，しかし，この20年で大きく根底から変わってしまった。すべてが否定されたという意味ではなく，解析の新しい武器が多々備わり，過去になされた推定が正しいかどうかの判断基準が格段に進化したのである。分布型の解釈は推定に推定が重ねられてきたが，系統解析における節約法的解析が地史的生物地理学に波及し，例えば分断地理学的解析法が提唱された。一方で，分子系統解析を基盤に系統地

理学的解析が当たり前の手法となり，さらにその結果の解析論理に磨きがかかりさまざまな理論展開がなされてきた。一方で地史への知識は飛躍的に増加した。

　堀田の画期的な名著『植物の分布と分化』も，もちろん時代の束縛には勝ちえない。ちょうどプレートテクトニクスが市民権を得だしたころに書かれたものであり，また当然のことながら分子系統学が片鱗も姿を見せていない時代の著作である。同書での日本の植物地理への解析は今でも十分に新鮮で興味深く，また世界の植物地理への洞察は上記2分野の成果抜きに語られたものとしては出色であり，予言に満ちている。しかし，現在では直接の参考にはならない点もあるのは否めない。極めて残念なことに日本語で書かれたものとしては，その後纏まった植物地理の著作はない。

堀田満. 1974. 植物の進化生物学 III　植物の分布と分化. 416 pp. 三省堂.

　こうした状況を考え，企画したのが本書である。北海道大学出版会（当時は北海道大学図書刊行会）から『植物の自然史』を出版したのは何年前だったろうか。出版後2, 3年たって気がつくと，同会から『動物の自然史』などが「自然史」シリーズとして次々と出版されるようになっていて驚いた。そのようななかで，編集の方から，今度は「植物地理」の本を出版しませんかと言われ続けた。生来の怠け者に加えて，あまりにめまぐるしく変転し変化を見せる植物地理学についてとても単行本を出せる状況ではないと逃げ回ってきた。しかし，やはり自然史の王道は系統学と地理学であり，両者を植物で揃えることが「自然史」シリーズ最初の本を出した者の責任かと考え，お引き受けすることにした。その後も何度もくじけてしまったのだが，著者の方々と編集の方の温かい寛容と強靱な忍耐力のおかげで出版にこぎつけることができた。

　本書では，最先端の解析結果や解析過程をわかりやすく日本語で示すことを目的として編纂した。ぜひとも，めくるめく進化のダイナミクスに関心を持つ若い人たちには特に読み込んでいただきたい。そのために，従来の「自然史」シリーズのように，多くのトピックスをそれぞれの専門家に語ってい

ただくのではなく，少数の著者にそれぞれを徹底的に語っていただく形に編集した。植物をまったく知らずただただDNAの塩基配列だけに基づいて解析された結果に信頼がおけないのと同様に，「生きもの」の生きざまを現地で実際に把握することなしに理論と理屈だけで各生物の辿ってきた地理的変遷を再構築できるはずもないと考えている。ウォレスの心をもって，かつなお最新の解析論理を存分にふるう研究が次々に発表されることを期待して，現役の，そして未来の研究者に本書を贈ります。また，日夜植物を探求されている多くの野生植物の愛好家の方々には，ぜひとも最新の解析方法論を読んでいただきたい。社会全般で植物地理学への関心が少しでも高まれば編者の望外の喜びである。

　最後に，内容を簡単に紹介しよう。

　第1章「琉球列島における植物の由来と多様性の形成」では，瀬戸口さんには琉球列島を対象に存分に語っていただいた。大洋島である小笠原とは違い，典型的な小面積の大陸島が連なる列島でのできごとは非常に興味深いものがある。貴重な動植物の宝庫である琉球列島の植物相はどのように形成されてきたのかを豊富な例をもとに，列島の地史とからめて解き明かしていただいた。そもそも，大陸島と大洋島の概念自体，ダーウィンが提唱した本家本元の正当的題材でもある。

　第2章「南半球を中心に分布する植物の分子系統地理」では，朝川さんには生物地理学の取り組みとしては最重要の大一番であり，古くからの「横綱級」の問題でもあるゴンドワナの問題を丁寧に解説していただいた。分断生物地理学が最もはなやかに登場したのもゴンドワナ要素の問題からである。さらにそこに分子系統解析が加わった最新の成果をご堪能ください。少々むつかしい箇所があるかもしれませんが，ぜひとも食いついていただきたいものです。

　第3章「被子植物の分布形成における拡散と分断」では，長谷部さんには植物地理学と分子系統学の統合，すなわち系統地理学的な解析例を，古赤道分布として有名だったドクウツギ属，一見オーストラリアに起源があるかのように思えるモウセンゴケ科や，その他の食虫植物，そしてグレイの項でも

言及したカエデ属，について詳細に語っていただいた。系統解析からどのようにして過去の生物地理的変遷が解きほぐされるのか，そのダイナミックな過程をご覧ください。

　日本海要素の解析は紹介されていないが，日本の植物地理学における諸問題のなかで，今でも非常に重たい未解決問題である。解析するためのひとつの方法は，当然のことながら日本列島の対岸の大陸の植物を知ることである。さまざまな歴史的な要因もあって，朝鮮半島，中国東北部から沿海州にかけての地域のフロラについての日本人による解析は，戦後はほとんどなされていない。実地に植物相を丹念に観察したり，豊富に採集を行った人もそれほどいない。第4章「沿海州の気候と植生」では，その数少ない得難い人材であるいがりさんには何度も訪れた沿海州の植物を紹介してもらった。阿蘇や関東平野の植物にいきなり沿海州で出くわす。その興奮を感じ取っていただきたい。

琉球列島における植物の由来と多様性の形成

第*1*章

瀬戸口　浩彰

1. 日本列島とユーラシア大陸を陸橋でつないだ琉球の島々

　私たちがすむ日本列島は，ユーラシア大陸の東端にある。大陸側にすむ人たちから日本を眺めると，きっと太平洋に張り出した「堤」のように見えることだろう。このような視点で地図を見ると，ある特徴に気がつく。それは，この堤が南は台湾から琉球列島を経て，北はサハリンや千島列島を経てカムチャツカ半島に至るまで，律儀に一列になって「弧」をつくっていることだ（図1）。この「弧」は大小さまざまな島からでき上がっている。これらの島々は，いまから259万年前に始まって現在に至る「第四紀」のなかの寒冷な時期に，島々の弧を細長い橋でつないでいたことがあった。おそらくこの時代には，ユーラシア大陸から（北から・南から）動植物や人間が陸伝いに往来することができたと思われる。

　第四紀とは，いま私たちが生きているこの時代である。この時代は寒冷な氷期（氷河期）と間氷期（最後の氷期以降は後氷期という）を繰り返してきており，現代は温暖な後氷期である。100万年前以降の大きな氷期としては，「ギュンツ氷期（約80万年前）」，「ミンデル氷期（約50万年前）」，「リス氷期（約14万年前）」，「ウルム氷期（約2万年前）」の4氷期に区分されている。ヒト（ホモ・

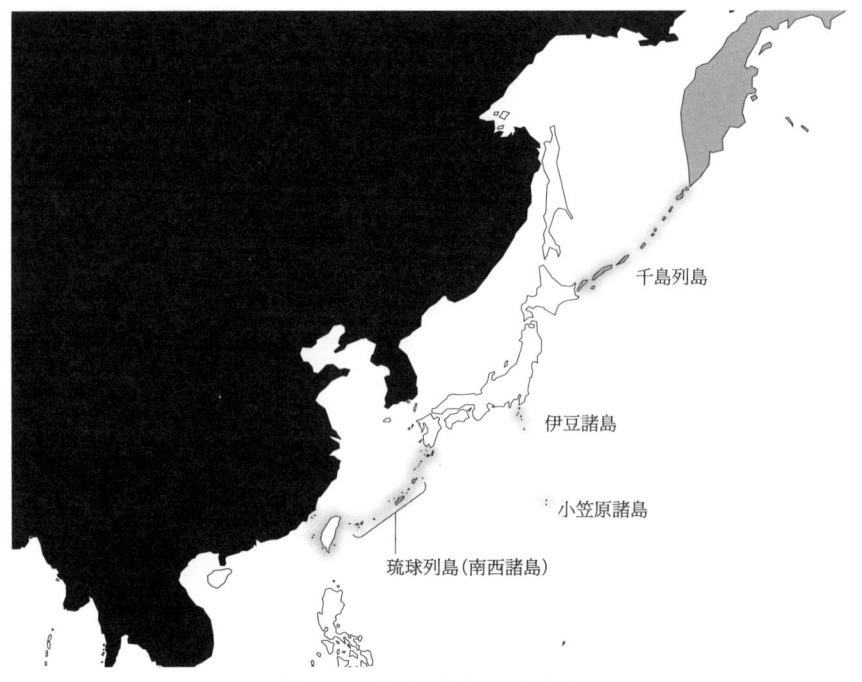

図1 日本列島に隣接する島嶼系

サピエンス)が現れたのが約20万年前であるとされているから、人類はこうした気候変動のなかで分布を広げて繁栄してきたといえよう。

さて、話を陸橋に戻す。氷期には地球上の水が大陸氷床(いわゆる氷河)に蓄えられるために海水面が下降する。そのために島の間の水深が浅い場所が陸になり、「陸の橋」＝陸橋 landbridge が形成された。本章の主題である琉球列島も、地図で見るとおりに一列に配置しており、細長い陸橋が形成されては(氷期)これが水没して島に分断されていく(間氷期)ことを繰り返した(図2)。陸橋ができると動植物の移動が可能になる。大陸から動植物がこの陸橋を伝って移動して、ついには本州にまでに到達する際に重要なルートとして機能したと考えられる。

このように現在の動植物の分布には第四紀の気候変動が大きく関わっていて、氷期において琉球の島々は、中国南部や台湾と九州の間に陸橋を形成す

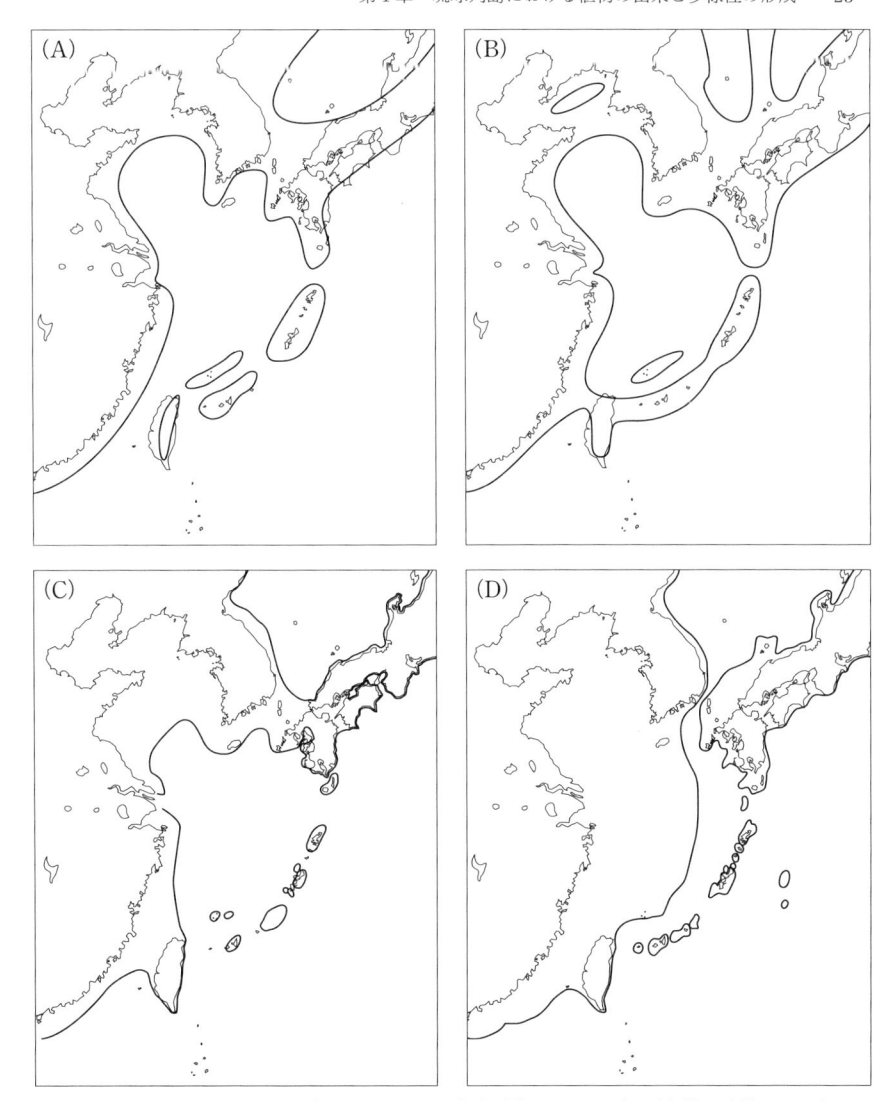

図2 第三紀後期から第四紀に至るまでの琉球列島と周辺の地形(木崎・大城, 1977)

ることによって，大陸と日本列島の間に連続した空間をもたらした。この時期における気候の激しい寒暖乾湿の変化が個々の生物にもたらした影響をひとまとめにすることは難しいが，北へ・南へ，潮の満ち引きのように分布の拡大と縮小を繰り返したはずである。

　これと同時に，間氷期に陸橋が分断されて，動植物が島に閉じこめられたこと＝「隔離をもたらしたこと」も重要なできごとであった。生物の種分化の最も重要な様式は，異所的種分化 allopatric speciation（図3）である。氷期に

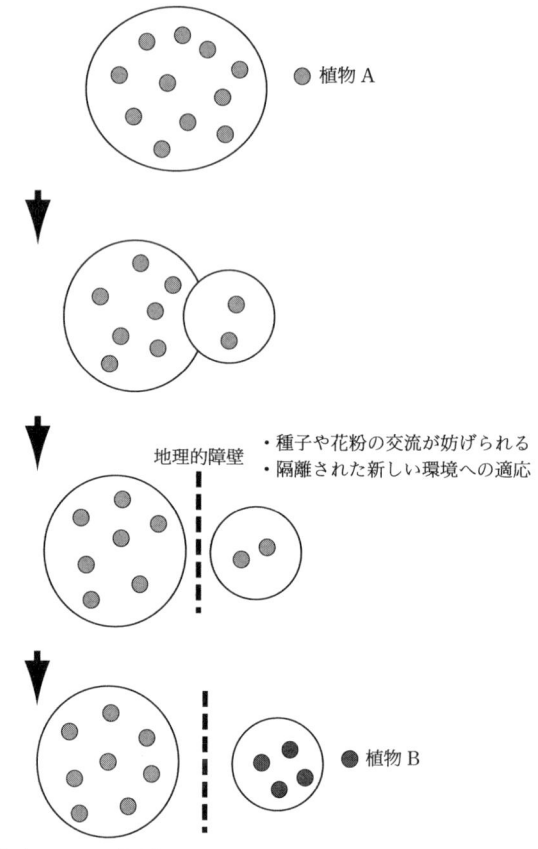

図3　地理的障壁によって種分化がもたらされる過程（異所的種分化）。地形がだんだんくびれることにともなって，植物Aの分布もしだいに分かれていく。地理的障壁が完成することにともなって，異なる種に分化が進んでいく。

陸橋で誘っておきながら，間氷期に「島に閉じこめてしまう」ことは，生き物にとって，より良い環境の地へ移住する可能性を断たれることである。多くの生き物は，耐えきれずに島のなかで滅んでいったに違いない。しかし一部の成功者たちは，島のなかに閉じこめられることによって，島の生育環境で生きる術(適応)を身につけて生き延びることに成功した。島の間で生物たちの行き来がない場合(植物の場合には種子や花粉の移動がない場合)，島々の生物の集団は，独自の遺伝構造を保有していくことになる(図4)。こうした子孫たちを，いま私たちは島の固有種，あるいは種内の変異として亜種や変種と認識している。

　島における生物の進化は，ガラパゴス諸島やハワイ諸島，日本では最近ユネスコ世界自然遺産に登録された小笠原諸島における研究が知られている。これらの島々は火山に由来する島であり，生態系は裸地から始まった。また，海洋に忽然と姿を現してから，大陸と一度も接したことがない。これらは海洋島 oceanic island といわれ，植物は風や海流・鳥などによって種子が偶然に運ばれ，移入・定着・適応放散という3段階を経て進化をしている。これに対して，琉球列島は島の成り立ちとそこにすむ生物の起源を異にする大陸島である。陸橋を形成した琉球列島は，大陸との接続を繰り返した島々であり，大陸島 continental island といわれる。大陸から母種の移入が大量にあったために，そこに生きる植物の多くは大陸や日本本土と共通のものも多い。しかも，最後に陸橋が形成されたのが約2万年前——縄文時代が始まろうとしている時期である。そのために，琉球列島を舞台にした種分化や種内分化があるとすれば，海洋島のそれに比べて「新しく(短時間)」，「地味であり(大陸の母種に比べて見かけに目立った違いがない)」，「陸橋の形(島々のつながり方)が系統に反映している」ことが想像される。

　琉球列島はこれまでのあいだ，ユーラシア大陸南部(中国の福建省や広東省あたり)から台湾を経て九州南部につながる陸橋の形成と分断を繰り返した。この陸橋の形成によってアジアの動植物は台湾や琉球列島，そして日本列島へと移住し，また陸橋の分断によって大陸や台湾，琉球列島の各島嶼，および日本列島の間で種分化が進んだことが想定されてきた。琉球列島はその規

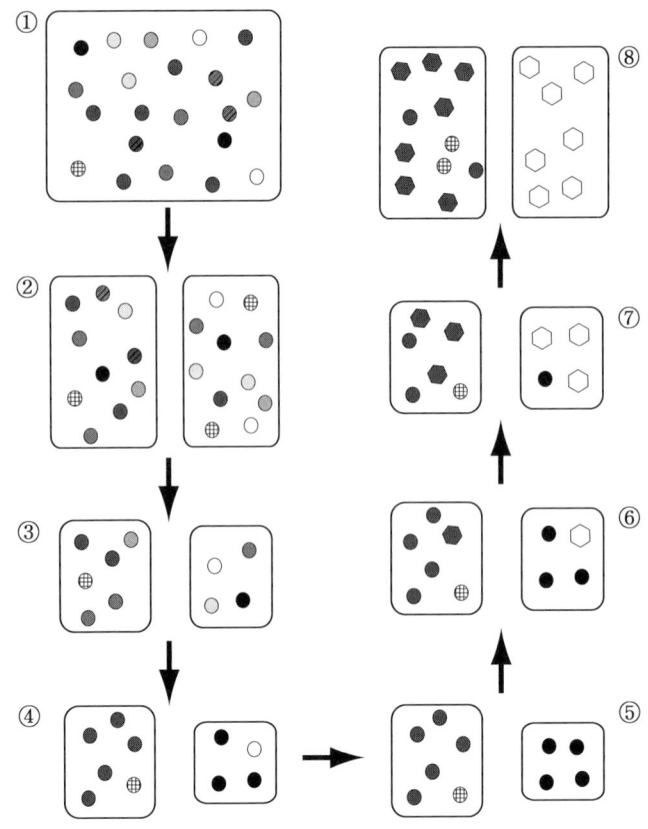

図 4 連続的な生物の集団がふたつの島に隔離されて時間を経過する過程で，それぞれが独自の遺伝構造を持つようになるしくみ。①ひとつの集団のなかにさまざまな遺伝子型を持った個体が共存する(丸のなかの色模様が異なる遺伝子型を示す)。②島嶼化によってふたつの集団に分断される。③海水面が高くなることにともなって島の面積が狭まり生存できる個体数が少なくなる。この際に，残る遺伝子型の数も減少する(びん首効果)。④⑤個体数・遺伝子型の数が少ない集団では，ランダムな交配の過程で特定の遺伝子型に収束する作用が働く(遺伝的浮動)。これによって，島のなかの遺伝子型の種類は減少する。⑥長い年月の間に，独自の遺伝子型が派生する。⑦遺伝的浮動によって，たまたま新しく派生した遺伝子型が多数派になった場合。⑧海水面が下降して島の面積が大きくなり，生息する個体数が回復したとしても，②〜⑥の過程でいったん減少した遺伝子型の数は回復せずに，個体数が増えるだけである。このために，島嶼の生物集団の遺伝的な多様性は(特に島のサイズ減少を経験したところでは)低いことが多い。

模(構成する島の数と総延長の距離)が大きくて,現在の動植物相の多様性も高いことから,世界のなかでも類いまれな大陸島の島嶼系であるといえる。その特徴は次のようにまとめられる。

①構成する島の数が140余りと大規模である。

②その島々が一列になって北東〜南西方向に配置している。

③主に第四紀を中心にして,かつて陸橋を形成しており,氷期の海水面下降(海退)による陸橋の形成と,間氷期の海水面上昇(海進)による島々への分断を繰り返した。

④陸橋の南端では台湾,そしてさらにユーラシア大陸(中国)と接続しており,ここから陸橋を経由して生物の移住が可能であった。

⑤陸橋の北端には九州,そして本州などがあり,ここから陸橋を経由して生物の移住が可能であった。

⑥先島諸島と沖縄諸島の間にある慶良間海峡,ならびに奄美諸島と大隅諸島の間のトカラ海峡,このふたつの海峡を境にして「南琉球」「中琉球」「北琉球」と呼ぶ(図5)。動物地理学における区系はこの2海峡にあり,前者を蜂須賀線,後者を渡瀬線と呼ぶ。渡瀬線は,トカラ列島の小宝島と悪石島の間に引かれる。

⑦陸橋の地形については木崎・大城(1977),氏家(1990),木村(1996)の研究がある。すべての研究において,琉球列島の陸橋は慶良間海峡とトカラ海峡において分断しやすい環境下にあったことを示している。異なっている点としては,前の2説が氷期の陸橋がトカラ海峡でかつて一度も接続していなかったとしている一方で,木村はトカラ海峡も含めて連続した陸橋の存在を予想していることである(図2におけるトカラ海峡での分断を認めずに,台湾から九州に至る連続した陸橋を想定している)。太田(2000)は,は虫類と両生類の動物地理学の知見から,過去の陸橋の形態について逆提案することを試みたが,これにおいては慶良間海峡とトカラ海峡の一貫した分断を示している。

このように第四紀の時代に琉球列島がどのような陸の形をしていたのかという疑問に対する答えにはいろいろとあって,正解がないのが現状である。

図5 琉球列島を構成する主な島嶼と，トカラ海峡，慶良間海峡の位置。琉球列島は日本の島嶼を示すために，厳密には台湾は琉球列島に含められない。しかし生物には国境がないので，ここではあえて加えた。

しかし，生物学の分野には，これに対する解決策がある。生物の体のなか＝DNAには，過去に経験した集団の分布変遷が刻印されているのだ。

例えば，は虫類の分布域拡大では，流木などの漂流物に乗って行われることが想定されており，琉球列島と同じように，かつて陸橋で結ばれていたカリブ海の島々ではトカゲの分布域拡大が海流の流れに沿ったものであることがきれいに証明されている(Calesbeek and Smith, 2003)。同じような試みを植物でも検証することが可能であろう。その目的のためには，風や海流で長距離散布をしてしまう植物は，過去の地形に関係なく跳躍的な分布拡大をする可能性があるために，あまり適していない。地道に陸伝いに分布を拡げる植物を対象にすることが，植物の系統と地理の関係を調べる目的に向いている

であろう．そうすれば，第四紀における激しい気候の変化と地形の変動にともなって，植物がどのように種分化や種内分化を起こしたのかを対応させながら検証することが可能である．

　本章では，1番目のテーマとして琉球列島の内部で種分化・種内分化を起こしている2つの植物——アジサイ科のクサアジサイ属 Cardiandra やツツジ科アセビ属 Pieris について，中国東南部から琉球列島そして日本列島間における種内分類群の系統関係を明らかにして，琉球列島を介した種分化様式とその時期について考察した．そして琉球列島におけるその分岐年代が第四紀における気候変動期(=陸橋の形成と分断が繰り返された時期)と一致するかを検討した．2番目のテーマには，種内の分化を研究対象にした例を挙げる．琉球列島に広域分布する植物2種——ソテツ(ソテツ科)とスダジイ(ブナ科)を対象にして，葉緑体・ミトコンドリアDNA多型に基づいた種内分化を検証した．図鑑の上で「ひとつの種」とされているものが，南北に長く延びている琉球列島のなかで，どのように種のなかの分化を遂げているのかを考えてみたい．3番目のテーマは，島のなかにおける種を超えた遺伝子の流れである．島嶼系は多数の植物が狭い面積の「島」に閉じ込められて同じ場所に，あるいは隣接して生育していることに特徴がある．とても狭い場所にたくさんの植物種が，いわば，「押し合いへし合い，満員電車に乗車している」ような状態で生きている．繁殖を虫任せ・風任せにしている植物の場合，近縁他種の間で交配が起こって，稀に雑種がつくられ，これが戻し交雑などを繰り返している場合がある．これは琉球列島でも同じであり，浸透性交雑を起こした痕跡を見ることができる．本章では，モチノキ科におけるこのような浸透性交雑の事例を紹介する．4番目のテーマとして，島の植物の保全を取り上げたい．多数の植物がひしめき合って生育する琉球列島においては，島嶼外，あるいは島嶼間における植物の持ち込みに対して脆弱であることが予想され，植物が長い時間を経て構成した遺伝的地理構造(過去の地形変化が植物集団の変遷に影響を与え，これがDNA塩基配列に変異として刻まれていること)を維持することが難しいと思われる．また，島嶼固有種は狭い面積に少数個体が生育することが多く，絶滅に瀕しやすい環境下にある．植物系統地理学の知見

を島嶼植物の保全につなげるための試みを最後に紹介したい。

2. 琉球列島での種分化・種内分化の時期——陸橋が形成と分断を繰り返した時期と合っているのか？

クサアジサイ属の種分化

　アジサイ科のクサアジサイ属(図6)は，本州から琉球列島を経て台湾・中国南部にかけての地域に分布する。この分布を見る限り，かつて存在した陸橋を場にして種分化（あるいは種内分化）を遂げたと考えられる。この植物の分類は Ohba(1985)によると，2種が中国大陸南東部，台湾，西表島，奄美大島，日本列島に分布する(図7)。奄美大島では花序に装飾花がないために島嶼固有種——アマミクサアジサイ *Cardiandra amamiohsimensis* として分類される。奄美大島以外の分布地域では装飾花がついた「アジサイ」と同じ花序を咲かせる。クサアジサイ *C. alternifolia* subsp. *alternifolia* は日本の本州・四国・九州に分布しており，暗くて湿った林床に，装飾花がついた「アジサイの花」を咲かせる。しかし茎が木化しておらず，しかも学名の通りに葉が互生している（アジサイでは葉が対生する）ことが違っている。オオクサアジサイ *C. a.* subsp. *moellendorffii* は西表島と台湾，中国南東部にかけて分布する。これらの個体を自生地で見ると，草丈がとても大きくて丈夫そうであり，葉も毛が目立って「ごわごわ」しているために，日本のクサアジサイとはずいぶんと異なる印象を受ける。分類上では，花の花柱の長さや装飾花の萼片数が分類の根拠になっている。オオクサアジサイは，さらに台湾のものが葉と花弁の形が比較的細いことに拠って変種 *C. a.* subsp. *m.* var. *binata* に細かく分類されている。

　これらの植物の果実は蒴果で，成熟すると果皮が乾燥して裂開し，なかから多数の種子を散布する。この種子は長さが約1mmで付属物がつかない。そのために鳥や動物が果実や種子を食べることによる散布は可能性がとても低いと考えられる。

　これらの地域のクサアジサイ属植物について，葉緑体DNAの塩基配列

図6 クサアジサイ

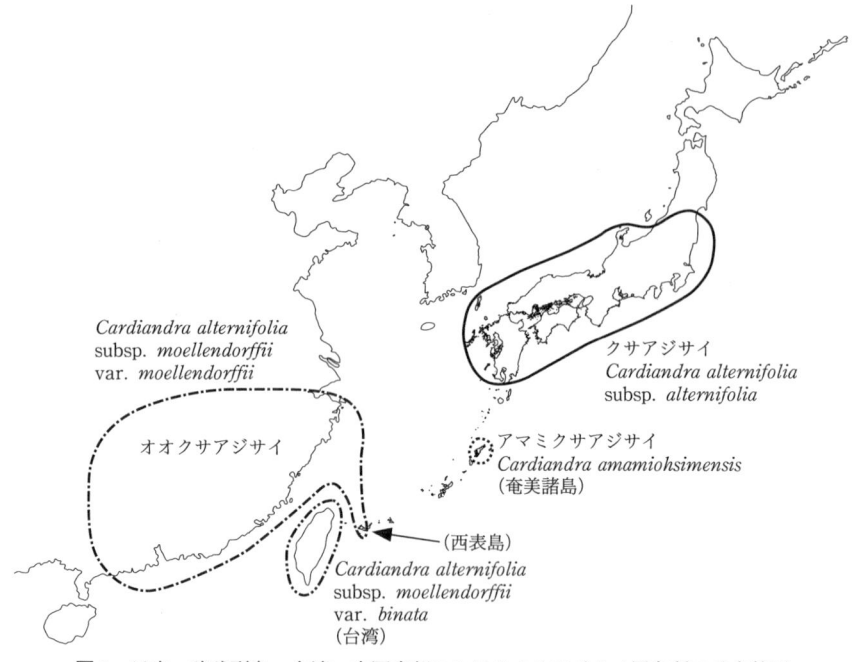

図7 日本，琉球列島，台湾，中国南部におけるクサアジサイ属各種の分布範囲

——約 4,444 bp を解析して系統解析した．解析に用いたのは 2 種類の遺伝子—— *rbcL*, *matK* と，スペーサー(イントロンや遺伝子間領域のような mRNA に転写されない非コードの部位)の 2 領域 *trnK* intron と *trnS* (GCU)- *trnG* (UCC)である．いずれも，塩基置換が中立進化をすると考えられる領域である．また，作成した系統樹上に化石出土年代に基づく時間軸の情報を加えることが，分岐年代推定には理想である．しかし一般には化石で出土しやすい植物は木本植物や水辺の植物(腐りにくく，そのままま堆積しやすい)であり，草本植物は化石として残りにくい．クサアジサイも例外ではなくて化石が見つかっていないことから，同じく温帯生の多年生草本の塩基置換速度を用いて分岐年代推定を行った．外群には Hufford et al.(2001)のアジサイ科の系統解析の結果に基づいて，ギンバイソウ属ギンバイソウとアジサイ属ノリウツギ，ならびにツルアジサイを用いた．系統樹作成は，古典的な方法であるが

最節約法によって行った。これによって得られた系統樹を図8に示す。

　この系統解析の結果は，図7に示したようなOhba(1985)の分類通りにはならなかった。「西表島と台湾のオオクサアジサイ」がクレードをつくり，これをさらに奄美大島のアマミクサアジサイが外側から包み込むように単系統となった。そして中国南東部のオオクサアジサイがこれらの姉妹群となった。この系統樹を構成するいずれの分岐も信頼性が高い。したがって，アマミクサアジサイが装飾花を失っている現象は，オオクサアジサイのなかでの形態変化であると解釈される。この形の進化がなぜ起きたのかの理由は，まったく想像の範囲でしかないが，奄美大島における訪花昆虫相への対応のなかで形態を変化させたのかもしれない。

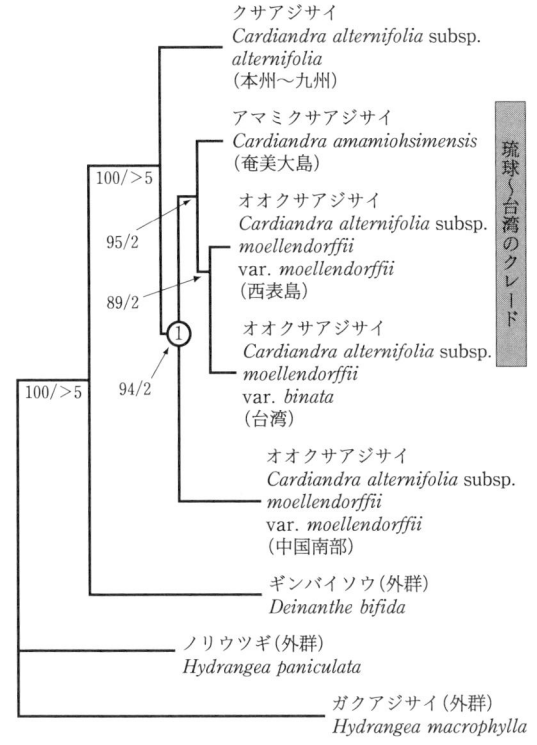

図8　葉緑体DNAの塩基配列に基づくクサアジサイ属の分子系統樹

オオクサアジサイのなかを細分化している変種の分類も崩壊している。西表島と中国南部のオオクサアジサイは *C. a.* subsp. *m.* var. *moellendorffii* という変種に分類されているが，これは単系統群ではない。したがって，分類の根拠になっていた「葉と花弁の形が狭いか広いか」という形の違いは，系統とは無関係のものであることがわかった。また，本州から九州にかけて分布するクサアジサイが，クサアジサイ属の進化の最初に枝分かれしていた。このことは，最初にクサアジサイとオオクサアジサイに分かれたのちに，オオクサアジサイが琉球〜台湾〜中国南部を場にして多様化したことを示唆している。

　さて，このクサアジサイの系統解析の本題である，その分岐年代が陸橋の形成と分断を繰り返した時期に一致するか？　の結果はどうであろうか。系統樹における①の箇所については，以下のようである。これら「琉球＋台湾」クレードとその姉妹群(中国本土)との分岐年代について *matK* 塩基配列に基づく推定を行った。これにはクサアジサイと同じく温帯生の多年生草本として，タデ科のダッタンソバ属 *Fagopyrum* の種間の解析において *matK* 遺伝子の同義的置換速度が 4.0×10^{-9} substitution・synonymous site^{-1}・yr^{-1} (Yamane et al., 2003)と同定されているのを引用した。分岐年代 T を T＝D_A/2λ (Nei, 1987)の式を用いて推定した結果，系統樹における①の分岐は，約 8.2 万年前——第四紀更新世後期と推定された。この年代は，琉球列島が陸橋の形成と分断を繰り返していた時期のなかの比較的後期——最後の間氷期にあたる。クサアジサイはアジア大陸のものから分岐した後に，陸橋の分断によって島嶼間隔離を受けて分化を進めたと考えることと，この約 8.2 万年前の分岐年代は矛盾しない。

　図 8 の系統樹における，さらにその内側——琉球列島と台湾のクレードのなかはどうであろうか？　残念ながら，*matK* 遺伝子の変異があまりに少ないために，年代推定は無理であった。確実にいえることは，奄美大島〜西表島〜台湾のクサアジサイが分化した年代は，約 8.2 万年前よりも「新しい」ことである。最後の間氷期から最終氷期，そして後氷期にかけての時代に，これらの島々の間で種分化・種内分化が起きたといえよう。

結論としては，中国南部〜台湾・西表島・奄美大島のクサアジサイの進化は，第四紀の最後の間氷期——およそ8万年前に琉球の島々が海水面上昇で孤立していた時代に起きており，台湾・西表島・奄美大島の間の進化は，さらにそれよりも新しい時代に起きたことになる。最終氷期の最寒冷期(約2万年前)には，これらの島々はもう一度接続した可能性も大きいことから，寄せては返す波のように，つながっては切れる陸地の輪郭に従って，クサアジサイは奄美大島・西表島・台湾の3島で異所的な種分化を遂げたのであろう。

アセビ属の種分化

アセビ属はツツジ科の低木で，主に東アジアと北米東部に隔離分布する植物である。早春あるいは冬の終わりといってもよい時期に，白色の壺型の花を咲かせる(図9)。アセビは馬酔木と書き，植物体全体に有毒成分を持つ。そのために昨今に急増しているシカの食害を受けずにすんでおり，研究用の試料を集めるのにとても便利な植物でもあった。この植物の果実は蒴果で，種子は長さが2.5 mm程度で付属物はつかない。したがって果実も種子も，鳥や動物による散布を受けないと考えられる。東アジアにおいては中国南部，台湾，沖縄本島，奄美大島，屋久島，日本列島(本州・四国・九州)に分布している。私が研究を始めたころの分類は，本州〜九州のものがアセビ *Pieris japonica*，沖縄本島と奄美大島のものがリュウキュウアセビ *P. koidzumiana*，台湾のものが *P. taiwanensis*，さらに屋久島のアセビがヤクシマアセビ *P. japonica* var. *yakushimensis* とされており，本州や九州にあるアセビの変種として扱われていた(Yamazaki, 1993)。

その一方で，1982年に作成されたアセビ属のモノグラフ(アセビ属全体を俯瞰して，分布や分類を再検討した論文集)では，これらすべてを日本のアセビ *P. japonica* にまとめられている(Judd, 1982)。しかし，このモノグラフでは，限られた数の押し葉標本をアメリカで観察して作成されたものらしく，奄美大島にアセビがあることが認識されておらず，屋久島や沖縄の資料もわずかな数しか確認されていなかった。地域のフロラ(植物誌)では，観察する植物資料が十分に手元にあるために，形態の差異を認識しやすい状況にあり，固有

図9 アセビの花

の分類群(種・あるいは亜種や変種)として認める傾向がある。その反対に，多少は地元意識が影響して，固有性が過大評価される傾向があることも否めない。最終的には，客観的な評価が必要であり，例えば形態であればたくさんの試料を計測して有為差検定にかけるとか，DNAマーカーを使用して系統や遺伝子流動の有無を調べることができる。

　屋久島と台湾のアセビ属植物は，スギやヒノキが生育するような高標高の温帯植生のなかに生育する。また，沖縄本島と奄美大島では，それぞれ，たった1か所の渓流帯(沖縄本島，東村の普久川)あるいは山頂(奄美大島の慈和岳と湯湾岳)であり，遺存的な集団(かつては広域に分布していたがだんだんと生育地を縮小していき，現在はわずかな場所に残っている集団)であると考えられる。沖縄本島と奄美大島のアセビ属植物は花が極端に大型で花筒の入り口が広く開く

(図10)．これがリュウキュウアセビを固有種として他種から区別する根拠になっていた(山崎，1989，1993；ただし，この引用文献では，山崎敬先生は奄美大島にアセビが生育することを認識していない．奄美大島のアセビは鹿児島大学の標本庫だけに保管されおり，山崎先生が勤務していた東京大学の標本庫には入っていなかったのである．ちなみに京都大学や国立科学博物館にも入っていなかったために，東京大学に勤務していた山崎先生に認識されることがなかったと思われる)．ところが，鹿児島県林業試験場の新原修一氏が沖縄産と奄美産の花冠の大きさと形態が異なることを指摘した．すなわち，奄美大島の花冠は，沖縄のそれよりも長く，入り口に狭窄が緩い傾向があることを見出した(新原，2000)．私たちはこの知見に基づいてさらに検体数を増やして統計処理を施すとともに，屋久島や台湾のアセビの花冠とも比較した．また，葉の形態についても4島のアセビで計測を行い，統計処理を施した．その結果，奄美大島産の「リュウキュウアセビ」は花の形態だけからも沖縄産の「リュウキュウアセビ」や屋久島や台湾のアセビ属植物から明瞭に区別されることが統計的にも支持された．また，葉の形態においても，「奄美」「沖縄」「屋久島＋台湾」の3群に区別された(Setoguchi et al., 2006)．したがって，DNAで系統を調べる以前に，「外見」だけでも奄美

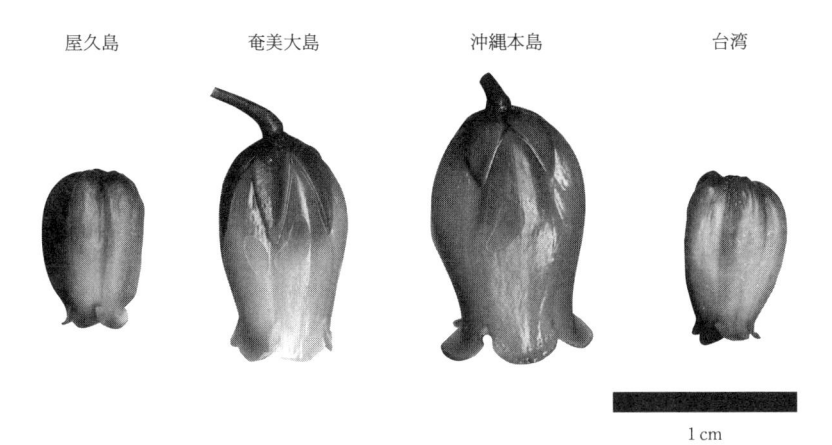

図10 アセビの花冠の比較．この4島のアセビは単系統群(共通の祖先から派生したすべての子孫)である．奄美大島と沖縄の花冠がとりわけ大きく，花冠の入り口が狭まらずに釣り鐘型をする．

のリュウキュウアセビは区別されることになった。後述のDNA系統解析でも支持されたことから，ここでは奄美産のアセビを「アマミアセビ *P. amamioshimensis*」とする(Setoguchi and Maeda, 2011)。そのほかは，日本で受け入れられている山崎の分類に従って，リュウキュウアセビ(沖縄)とタイワンアセビを独立した種として表記する。

　これらアセビ属植物が本州から琉球列島，台湾にかけてどのように分布するかを図11にまとめた。琉球列島(屋久島，奄美大島，沖縄本島)と台湾の4つのエリアに3種が分布しており，その両端側の中国本土と日本本土にはアセビ *P. japonica* が分布する。この点において，かつて存在した陸橋を介した分布域拡大と，島嶼への分断に起因する分化が想像される。この分化時期が琉球列島の陸橋形成と分断が繰り返された時期に該当するかを検討した。

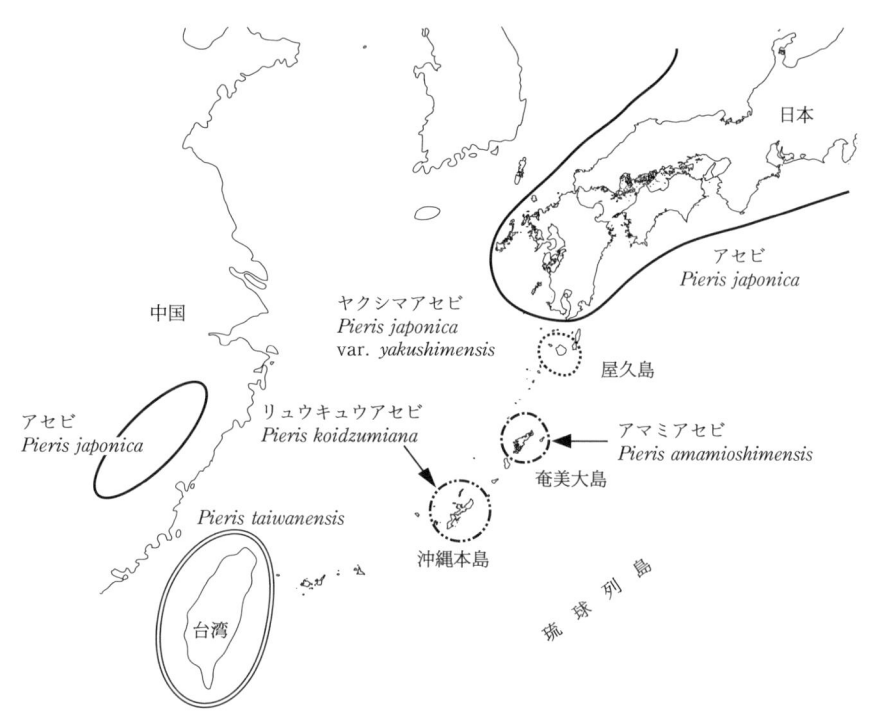

図11　琉球列島周辺におけるアセビの分布。中国本土の種名はJudd(1982)に基づくが，今後の検証が必要である。

解析の対象は，葉緑体DNAの*rbcL*と*matK*，さらに4領域のスペーサーを含む5,516 bpの塩基配列である．これに基づく系統解析では，琉球列島と台湾のすべてのアセビが単系統群を構成した(図12)．これは，これらが島嶼を舞台にして種分化を起こしたことを示唆している．本来の分類に従うならば，屋久島のヤクシマアセビは，本州のアセビと単系統になるはずであったので，意外な結果であった．さらにもうひとつ，嬉しい結果が示されていた．それは，奄美大島と沖縄本島のアセビをまとめて「リュウキュウアセビ」とする分類は，この系統樹を反映していなかった．花や葉の形態が示す通りに，奄美大島と沖縄本島のアセビは「別物」であったのだ．しかも琉球列島から台湾にかけての4島嶼のアセビは，さらに地理的に近いものどうし──「屋久島＋奄美大島」と「沖縄本島＋台湾」に分岐していた．

これら琉球-台湾クレードが姉妹群(日本列島のアセビ)と分岐した時期を，

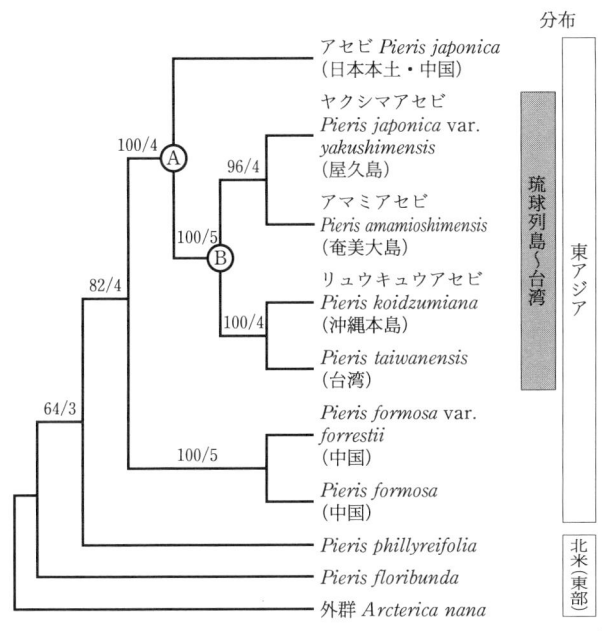

図12 葉緑体DNA約5,500 bpの塩基配列に基づくアセビ属の再節約分子系統樹．それぞれの分岐の左側の数字は，その分岐の信頼性を示す(1,000回のブートストラップ確率/崩壊指数)．

rbcL 遺伝子と *matK* 遺伝子の塩基置換数で推定した。アセビと同じく温帯生の低木/灌木として，ドクウツギ *Coriaria* の *rbcL* 遺伝子と *matK* 遺伝子の同義的置換速度がそれぞれ 1.7×10^{-10} substitution・synonymous site^{-1}・yr^{-1} と 3.7×10^{-10} substitution・synonymous site^{-1}・yr^{-1}（Yokoyama et al., 2000）と同定されているのを引用した。ドクウツギの塩基置換速度は，化石の出土年代とその化石の形態的な特徴に基づいて算出されたものであり，木本植物の一般的データ（*rbcL* 遺伝子の場合：Albert et al., 1993）と近いものになっている。

その結果，琉球列島から台湾にかけてのクレードが姉妹群（日本のアセビ *P. japonica*）と分岐した時期（系統樹上のAの分岐）は更新世初期の70万年前（*matK* 遺伝子）から90万年前（*rbcL* 遺伝子）と推定され，クサアジサイ同様に陸橋の形成・分断時期の範囲内に入った。さらに琉球‐台湾クレードの内部では，「台湾＋沖縄本島」と「奄美大島＋屋久島」の2単系統群に分岐しており，両群の分岐（系統樹上のBの分岐）は更新世中期の約20万年前（*matK* 遺伝子）であると推定された。残念ながら，さらに細かな枝分かれ――すなわち屋久島と奄美大島のアセビが共通祖先から分化した年代や，沖縄本島と台湾のアセビが分化した年代については，塩基置換がわずかなためにわからなかった。約20万年前よりも，もっとのち，とても新しい時代に分化を起こしたと思われる。ここまでの結果は，琉球列島から台湾にかけてのアセビ属植物が，第四紀後半の陸橋の形成と分断によって，種分化がもたらされたというシナリオを支持するものであった。クサアジサイとも同じ結論になった。

ところがアセビの系統解析は，予想だにしなかった「解釈に困る結果」も含んでいた。図12の系統樹にある「琉球列島～台湾」と指定しているクレードの内部では，前述のように台湾＋沖縄本島と奄美大島＋屋久島の2単系統群に分岐した。この組み合わせは，動物地理学上で生物の分布パターンや種内の遺伝構造において異相が認められてきた慶良間ギャップとトカラギャップの存在を反映していないのである。この結果については，論文の考察を書くうえでとても困った。これについては後述のソテツやスダジイの結果と合わせて，後で考えることにする。

また，沖縄本島と奄美大島のアセビの花の大きさ（この2島では花が顕著に大

型化しているために，かつてはリュウキュウアセビとして同一種に扱われた)の解釈については，2島で似たものに並行進化したと解釈される．一般に，同一種のなかでも花の大きさは訪花昆虫の種類によって変化することが知られており，特にアセビのような花冠がベル型になる合弁花でよく研究されている(例えばキキョウ科のシマホタルブクロ：Inoue and Amano, 1986；キンポウゲ科のハンショウズル：Dohzono and Suzuki, 2002; Dohzono et al., 2004)．奄美大島と沖縄本島にはマルハナバチが不在で，独自の訪花昆虫相を持つことが知られており，おそらくこのことが両島においてアセビの花筒を大型かつ入り口を狭窄しない釣鐘型に「適応」させていったと思われる．

リュウキュウアセビは両島で野生絶滅している．昆虫 – 植物送粉共生系に詳しい同僚に聞いたところ，栽培個体を元の自生地に持ち込んで訪花昆虫を調べたとしても，正確に検証することはできないそうである．アセビの野生絶滅とともに，かつて送粉に関わっていた昆虫が失われた可能性があるからである．したがって，上記の仮説を検証することはできないようである．また，私は本章に書いてきた研究を進めながら，リュウキュウアセビとアマミアセビの野生復帰を目指して，国内や国外に持ち出された株から挿し木増殖苗を集めてきた．これらをかつての自生地に植え戻したときに，昔のように訪花昆虫が訪れて種子をつくり，自ら増殖していくことができるであろうか．DNAタイピングを終えて，里帰りを待つ700株以上のリュウキュウアセビとアマミアセビを前にして少し心配をしている．

この節では，琉球列島での種分化・種内分化の時期が，第四紀の後半における気候変動にともなって，陸橋が形成と分断を繰り返した時期と合っているのか？　について検証した．クサアジサイ属とアセビ属における琉球列島と台湾の種・亜種・変種は，まさにその時期に，共通祖先からこれらの島々で派生した植物たちであることがわかった．温暖な間氷期や後氷期に，陸橋の分断と島嶼化にともなって，遺伝的形態的に島ごとに分化を遂げたものと考えられる．

3. 同一種内における遺伝構造——種内の遺伝構造は，かつての陸橋の形の影響をどのように受けているのか？

ソテツにおける葉緑体とミトコンドリア DNA 多型の地理的構造

　ソテツ *Cycas revoluta* は琉球を代表する植物のひとつであるといっても過言ではないだろう(図13)。その形はまるで古生代や中生代の地球のようすを描いた絵に登場するような姿をしており，常緑で貧栄養な隆起珊瑚礁の岩場でも樹勢たくましいことから，さまざまな場所で植えられる。しかしその幹は意外にもろく，内部には大量のデンプンを蓄えている。種子にもデンプンが多いことから，飢饉のときの救荒植物として利用されてきたことでも知られている。雌雄異株の木であり，雌株だけが大胞子葉の縁に種子をつける。種子は大型で長さが 4〜5 cm 程度ある(図14)。ソテツの種子は海水に浮かないとされ(Jones, 1993)，浮く種子は成熟することができなかった小型のものである。このような重力散布種子(地道に陸伝いに分布を拡げる種子)を持つ植物の場合には，長距離散布が難しく，過去の地形を反映しやすいことが期待できる(ただし，重力散布種子が長距離散布をまったくできないかということに対しては反証もあるので，ほかの散布様式の種子よりも長距離散布が「より難しい」とするのが正確であろう)。そこで琉球列島で広域分布する植物でこのような条件に適合する植物としてソテツを選んで研究を進めた。

　分布の北限は宮崎県の都井岬であり，南(西)端は与那国島である。不思議なことに台湾にはなく，台湾には近縁な *Cycas taitungensis* (以降はタイワンソテツと呼ぶ)が内陸部の2か所に自生する。琉球列島では広域に分布するのに対して，台湾ではとても狭いエリアに限って生育しており，自生地は厳重な管理のもとで保護されている。また，Huang et al.(2001)によるとタイワンソテツの葉緑体・ミトコンドリアのハプロタイプは驚くほどに多様性に富んでおり(「個体ごとにハプロタイプが異なる」といってよいくらいである)，かつては広域に分布した植物が分布域を減少させながらも遺伝的浮動が進んでいない状況に集団があることが示唆されていた。

図13 ソテツの外観。奄美大島のアヤマル岬にて撮影

図14 大胞子葉についたソテツの種子(矢印のもの。長径約5 cm)

　ところが琉球列島に分布するソテツのハプロタイプ多型の検出は困難を極めた。さまざまなスペーサー spacer(前述のように，イントロンや遺伝子間領域などの非コード領域で，塩基置換に対して選択圧がかからないと考えられ，種内における変異が期待される)を11領域，約14,000 bpの解析を行ったが，わずかに葉緑体DNAの1領域にたったひとつの塩基置換，ミトコンドリアの1領域にたったひとつの挿入欠損があるだけであった(表1)。このたった2種類の変異の組み合わせで合計3タイプがソテツの種内多型として認められた。ここでは

表1 ソテツと外群(タイワンソテツ・中国の *C. panzhihuaensis*)におけるオルガネラ DNA の塩基配列多様性。スペース(−)は挿入・欠損を示す。各領域における数字は, 5′末端側からの位置を示す。

		変異部位					
		葉緑体 DNA				ミトコンドリア DNA	
Species	Haplotype	*matK*			*trnS*(UGA)-*trnfM*(CAU)		*nad1*exon B-exon C
		171	867	1225	458	643	396 − 407
ソテツ	サイトタイプ N	T	G	G	C	A	ATTAATTAATAG
	サイトタイプ S-1	T	G	G	A	A	ATTAATTAATAG
	サイトタイプ S-2	T	G	G	A	A	ATT…………G
外群	台湾(タイワンソテツ)	T	G	A	A	A	ATTAATTAATAG
	中国(*C. panzhihuaensis*)	C	A	A	A	C	ATTAATTAATAG

葉緑体 DNA とミトコンドリア DNA の組み合わせで細胞質ゲノムのタイピングを行っているので,分類した3タイプをサイトタイプ Cytotype と表現する。ちなみにタイワンソテツでは葉緑体とミトコンドリアはともに母系遺伝をするので(Hsieh, 1999),近縁なソテツの場合でもこのサイトタイプは種子によって分布域拡大をすると思われる。

それにしても,このサイトタイプの数は少なすぎた。先行研究(実際にはほぼ同時期に進んでいた)のタイワンソテツでは,わずか2集団102個体から,葉緑体 DNA のわずか1領域のシーケンスで97ハプロタイプ,ミトコンドリアの1領域のシーケンスで55ハプロタイプが検出されている。葉緑体 DNA だけでも,ほぼ個体ごとに異なるハプロタイプを持っているのである。これに対して,琉球列島のソテツは,海で長距離を隔てられた22集団から178個体も採集しているのにも関わらず,わずか3タイプを見極めるために,14,000 bp もの解析をやることになってしまったのである。なお,タイワンソテツの研究で調べられた2つの DNA 領域の塩基配列では,ソテツの種内変異を見つけることはできなかった。卒業研究でこの課題に取り組んだ許田重治君は,あまりに変異が少ないソテツの現実と,あまりに変異が多すぎるタイワンソテツの結果に首をかしげながら,悪戦苦闘することになった。

このサイトタイプの関係を調べるにあたり,まず外群の選定を行った。こ

れまでにソテツ科の分子系統解析が行われており，葉緑体DNAの *matK* 遺伝子のデータがデータベースに公開されていたので，これを引用して，さらに未解析であったソテツ，タイワンソテツ，中国産や東南アジア産のソテツを解析してデータの追加を行った。その結果，琉球列島のソテツの姉妹群はやはりタイワンソテツであり，さらに中国の *Cycas panzhihuaensis* とともに単系統群を構成することが明らかになった(図15)。そこで姉妹群についてもサイトタイプ同定と同じ領域の塩基配列を調べたうえで，最節約系統樹を作成するとともに(図16)，最節約ネットワークを描いた(図17)。これによってサイトタイプS-1が基になって，S-2とNが派生した関係にあることがわかった。この研究では，葉緑体DNAとミトコンドリアDNAのハプロタイプを組み合わせて，(核ではなくて)細胞質にあるゲノムを決めているので，サイトタイプという表現を使っている。

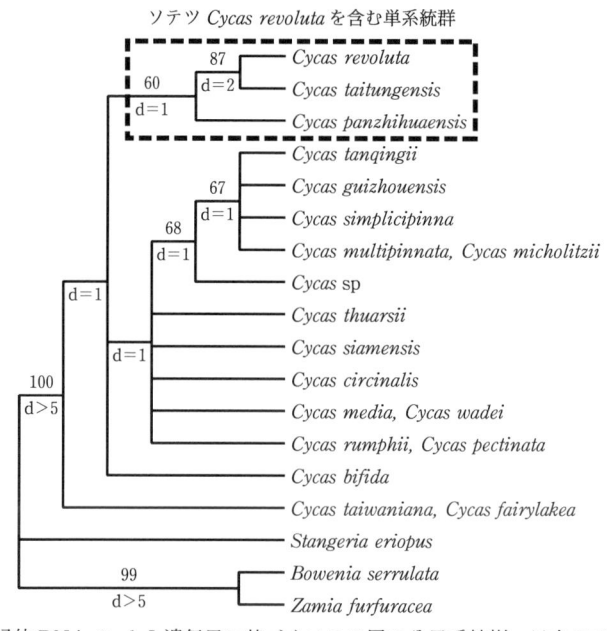

図15 葉緑体DNAの *rbcL* 遺伝子に基づくソテツ属の分子系統樹。日本のソテツは，台湾のタイワンソテツや中国南部の *C. panzhihuaensis* と単系統群を形成する。

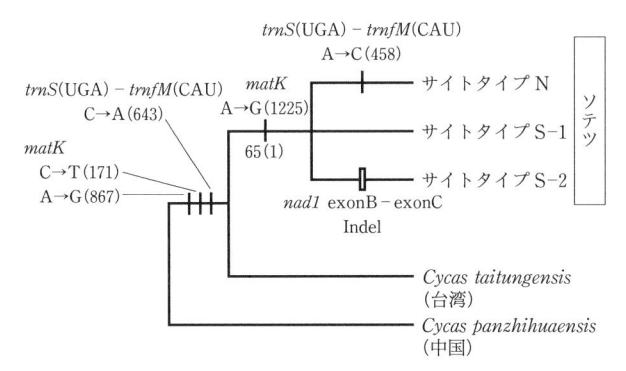

図16 ソテツの内部に見いだされた3サイトタイプと外群(タイワンソテツと中国の *C. panzhihuaensis*)との関係。それぞれの枝上のバーは，解析した3つの領域(*matK*，*trnS-trnfM* 遺伝子間領域ならびに *nad1* exonB-exonC イントロン)の変異(表1)の位置を示す。

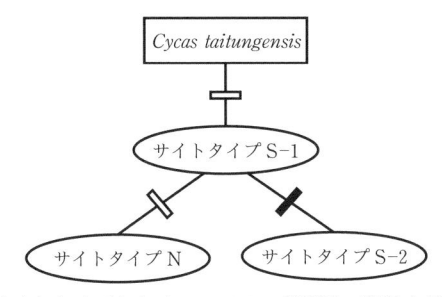

図17 ソテツの3サイトタイプとタイワンソテツ(外群)の関係を示すネットワーク図。解析した3つの領域の塩基置換を黒塗りのバーで，挿入欠損を白いバーで示す。

　この3種類のサイトタイプの地理的分布を図18に示す。中琉球の沖永良部島で交叉するようにして南北に2分割されていることがわかる。サイトタイプS-1は西表島から沖永良部島までの広域に分布する。S-2もこれとほぼ同様の分布域を持つ，北限が沖永良部島のひとつ南側にある与論島にまで分布することにおいて異なる。与論島以南の中琉球と南琉球のすべての集団は，このサイトタイプS-1あるいはS-2で構成されている。その一方でサイトタイプNは沖永良部島以北に分布する。沖永良部島でS-1とともに分布するが，これよりも北の集団はすべてこのサイトタイプNのみでできた

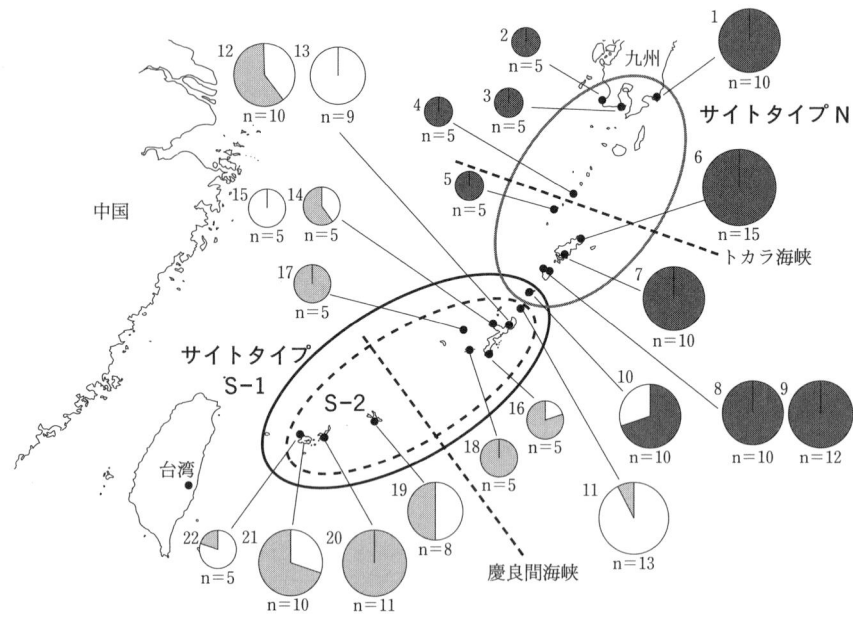

図 18 琉球列島におけるソテツの 3 サイトタイプの分布。サイトタイプ 1 を黒色，2 を白色，3 をグレーで示す。

単一な遺伝的構造を持っていた。

　この地理構造は，一見してとてもシンプルできれいに思えた。しかしふたつの問題に頭を抱えた。第一の頭痛の種は，種子が重力散布であるだけに期待した植物であったにも関わらず，古地理史や動物地理学で支持されてきたトカラ海峡や慶良間海峡における遺伝的なギャップがまったく見つからなかったことである。地続きで分布を拡げる植物が，沖永良部島で交叉するようにして南北に分かれてしまう理由がさっぱりわからなかった。

　もうひとつの謎は，サイトタイプの多様性の低さである。前述のように，姉妹群であるタイワンソテツは，はるかに少ない集団数と個体数のなかから，驚くべき多様性を持っている。しかも，本研究と同じく 2 領域の葉緑体・ミトコンドリア DNA 多型，各約 500 bp ずつ，合計わずか 1,000 bp で解析しているにも関わらず，である。琉球のソテツを研究し始めた当初の期待と正

反対であり，惨めなぐらいに低い多様性の違いはあまりにも大きかった。このような研究結果を論文にまとめて科学雑誌に投稿する場合には，変異が多くて遺伝的多様性に富む方が面白いシナリオをさまざまに描くことが容易で，難易度が高い科学雑誌に投稿しやすい。私たちが得た結果は，これとは真逆なものであった。あまりにわからないことだらけで，最初のころの研究は集団ごとの解析個体数が少なかったこともあり，この研究結果は追加のデータ取りを続けながら(解析個体数を増やせば，多様性が見つかるだろうと甘い考えを持っていた)しばらく「お蔵入り」になった。その一方で，別の植物に望みをかけた。ブナ科のスダジイである。

スダジイにおける葉緑体とミトコンドリア DNA 多型の地理的構造

　スダジイ *Castanopsis sieboldii* は琉球列島の極相林を構成する主要樹種である。山崎(1987)によると，屋久島以南の琉球列島のものは葉と堅果(いわゆるドングリ)が本州などのスダジイに比較して大型であり，スダジイの変種であるオキナワジイ *C. sieboldii* var. *lutchuensis* と分類される。また，台湾には *C. carlesii* と現在は別種にされるものも分布するが，かつてはオキナワジイとあわせてスダジイ *C. sieboldii* として分類されていたこともあった。この研究では，これらを広義のスダジイとして扱った。なお，本州にスダジイとともに広く分布するツブラジイ *C. cuspidata* も解析のなかに加えた。これらのスダジイ群の分布を図19に示す。このスダジイなどの特徴は，堅果を包む殻斗(いわゆるドングリの帽子)にある。これらの殻斗はトゲがなく，平滑な覆いが堅果を包む(図20-A，B)。これに対してシイ属の多くはクリと同じようにトゲで覆われた殻斗である(図20-C)。残念ながら日本にいる限りでは，シイの仲間は平滑な殻斗しか見ることはできない。しかしシイ属 *Castanopsis* の大部分の種は殻斗が「栗」のイガと同じである。このようななかにおいて日本のスダジイやコジイ，台湾の *C. carlesii* の棘がない殻斗は異端な存在であり，これらが近縁なグループであろうことを物語っている。

　童謡に「ドングリころころ　どんぶりこ」と歌われるように，ドングリは基本的に重力散布と，ネズミやリスのような齧歯類による動物散布が基本で

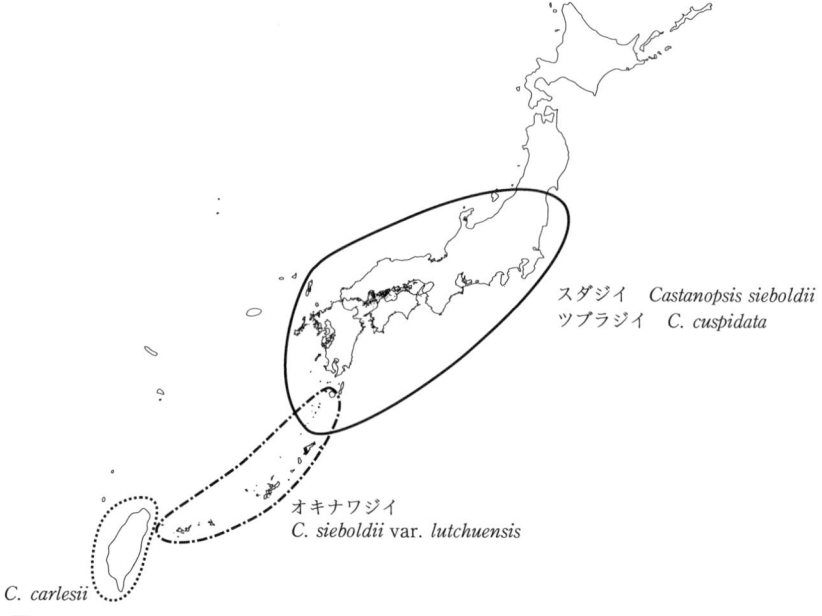

図19 日本列島と台湾におけるスダジイと近縁種の分布。オキナワジイはスダジイの変種として扱われる。台湾の *C. carlesii* は，以前にスダジイに分類されていたこともあった。

ある*。琉球にすむネズミが，スダジイの堅果を口にくわえながら島の間の海を泳ぎ渡ることは考えなくてよいであろう(泳ぐならば，せめて口は開けたまま息継ぎをしたいであろう)。ソテツとまったく同じ理由で，過去の陸橋の形を反映する系統地理構造が得られるものと大いに期待した。さすがに今度は大丈夫であろう(ソテツのように変異が少ないことはないであろう)と，根拠のない楽観的な期待をして，大学院生の海邊健二君の研究テーマになった。

この研究で海邊君は，台湾から本州までを網羅するように13集団から約100個体を採集して解析を行った。解析の最初に行う作業は，数多くのスペーサーのなかから種内変異を含む領域を探す作業(私の研究室では，これをス

---

* ドングリ(堅果)が長距離散布することが可能であるとする見解もあり(例えば Pole, 1994)，植物地理学の分野でもさまざまな考え方がある。

図20 オキナワジイの堅果と殻斗 (A, B) ならびに Castanopsis 属のなかで多くの種がもつ刺が発達した殻斗 (C)

クリーニングと呼ぶ)を11領域約15,000 bpについて行った。結果は確かにソテツよりはよかった。しかし変異の数は相変わらず少なく，海邊君は葉緑体DNA(4領域)とミトコンドリアDNA(1領域)，合計5領域の5,145 bpをすべてのサンプルで解析することになった。私の根拠なき楽観的な予測で，多大な努力を必要とする修論研究になってしまった。その後にさらに解析サンプルの追加の採集を行い，実験補助の牛尾裕君らが解析を続けることによって，最終的には29集団，244サンプルを解析することになった。

さて，この結果，多型として4サイトタイプが検出された。ここでは詳細を省くが，ソテツにおける表1と同じように，塩基配列の違いに基づいてサイトタイプを決定した。続いて，これら4種類のサイトタイプの関係を調べた。いわゆる系統解析である。系統解析では，系統樹の根本を決めるために，近縁な異なる種を加える必要がある。この研究では，台湾と中国に分布する，殻斗にトゲを持つ他種を外群にして系統解析をした。系統解析では，これらの4サイトタイプは2系統に分けられた(図21)。サイトタイプ2，3，4はクラスターを形成する一方で，サイトタイプ1はその姉妹群となった。前者の3つのサイトタイプ(2，3，4)のクラスターを南タイプ，サイトタイプ1を北タイプとする。琉球列島と台湾，九州におけるこの4種類のサイトタイプの分布を集団ごとの円グラフに，南北2タイプの範囲を楕円形の線で図22に

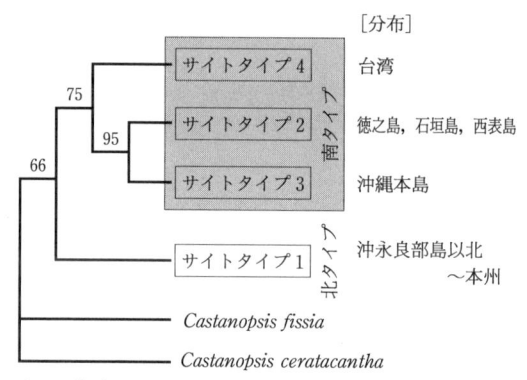

図21 オキナワジイで検出された4サイトタイプの系統関係を示す最節約系統樹。枝の上の数字は，信頼性を示すブーツストラップ確率(%)である。

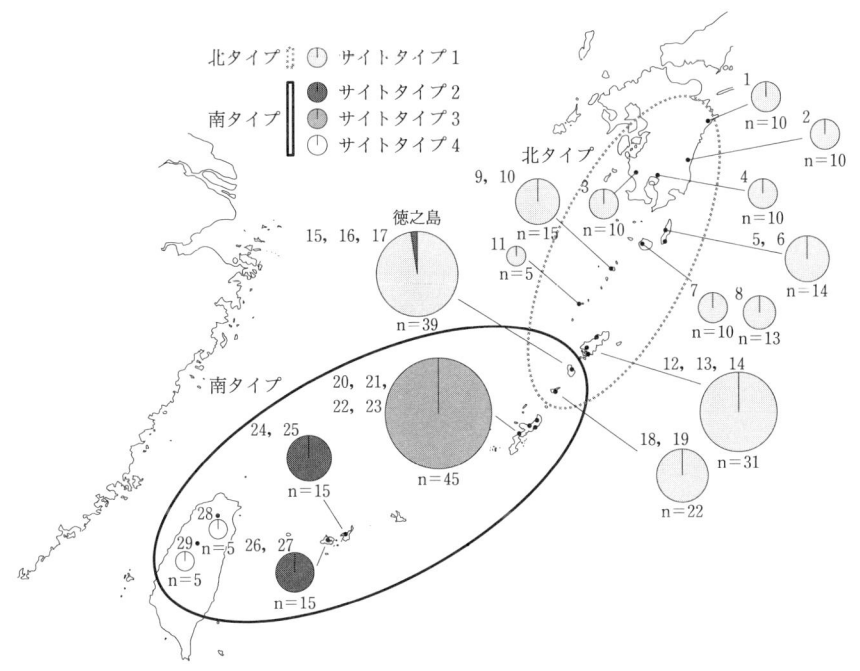

第1章　琉球列島における植物の由来と多様性の形成　53

図22　琉球列島におけるオキナワジイ，スダジイの4サイトタイプの分布

示した。南北2タイプは，徳之島で交叉して南北に分断されており，徳之島の1集団以外はすべての集団が単一のサイトタイプで構成されていることが明らかになった。サイトタイプ1は沖永良部島以北のすべての集団から検出された。徳之島の1集団においてサイトタイプ2と共存したが，ほかの島内2集団とこれより北の琉球列島や九州，本州の集団はすべてこのサイトタイプ1だけから構成されていた。サイトタイプ2は西表島と石垣島，沖永良部島の全集団の全個体，ならびに徳之島の1個体がこれに該当した。沖縄本島は調べた全4集団すべての個体がサイトタイプ3であった。台湾の個体はすべてサイトタイプ4であった。意外であったのは，外群のひとつのつもりで投入したツブラジイのサイトタイプが，サイトタイプ1であったことである。

　ソテツに続いて，またしても似た地理構造が得られることになった。スダジイのサイトタイプも，慶良間海峡やトカラ海峡を地理的障壁にはしていな

かった。私たちは，植物系統地理学で「本命」ともいえる，地続きで散布拡大するしかない植物で，またしても2大障壁を否定する結果を出してしまった。「不都合な真実」を前にして，またしても頭を抱えることになってしまったのである。最初はこの結果を見たくないと遠ざけた。その後に，頭を冷やしてから事実に沿って考察することにした。

複数の植物系統地理から想定される琉球列島の陸橋の形態

　私たちが得た「不都合な真実」は何を語っているのであろうか。琉球列島のなかのトカラ海峡と慶良間海峡における地理的障壁という固定観念をいったん捨てて，考えてみることにした。ソテツとスダジイで得られた種内の系統地理構造が形成されるためには，その分布を形成する過程において少なくとも1回は，トカラ海峡と慶良間海峡の部分が陸橋でつながっていたことが必要になる。さらに，アセビ属の系統においても，琉球列島内部の系統は「屋久島＋奄美大島」と「沖縄本島＋台湾」のクレードを形成しており，両海峡の障壁が少なくとも一時期においてなかったことを示唆している。したがって「不都合な真実」は，第三紀末〜第四紀にかけて琉球列島に存在した陸橋の形態は，少なくとも一度は両海峡を越えた連続したものであることを予想させる。そしてこれは木崎・大城(1977)や氏家(1990)の古地理の見解，ならびに動物地理学を元にした太田(1998)の見解とは異なり，氷期において連続した陸橋の存在を提唱する木村(1996)のものとのみ相容れる。ただし，誤解がないようにしなければならないのは，木村(1996)の仮説においてもトカラ海峡と慶良間海峡は分断しやすい状態にあったことには変わりなく，氷期から間氷期への移行にあたっては真っ先に分断したであろうことは否定していないことである。

　それではふたつの海峡，特にトカラ海峡では，動物地理学のように地理的障壁が多く見出されるのはなぜであろうか？　そのヒントは黒潮の流れ方にあると考えている。図23は琉球列島周辺における黒潮の流れである。これによると，ちょうどトカラ列島の部分において黒潮が西から東に流れを変えていることが見て取れる。これは，長江(揚子江)から淡水が東シナ海へと流

> 黒潮の流れはトカラ列島周辺で西から東に横断する
>
> 海流散布される植物の種子や小動物の分布域拡大はトカラ列島内で南北に分断される

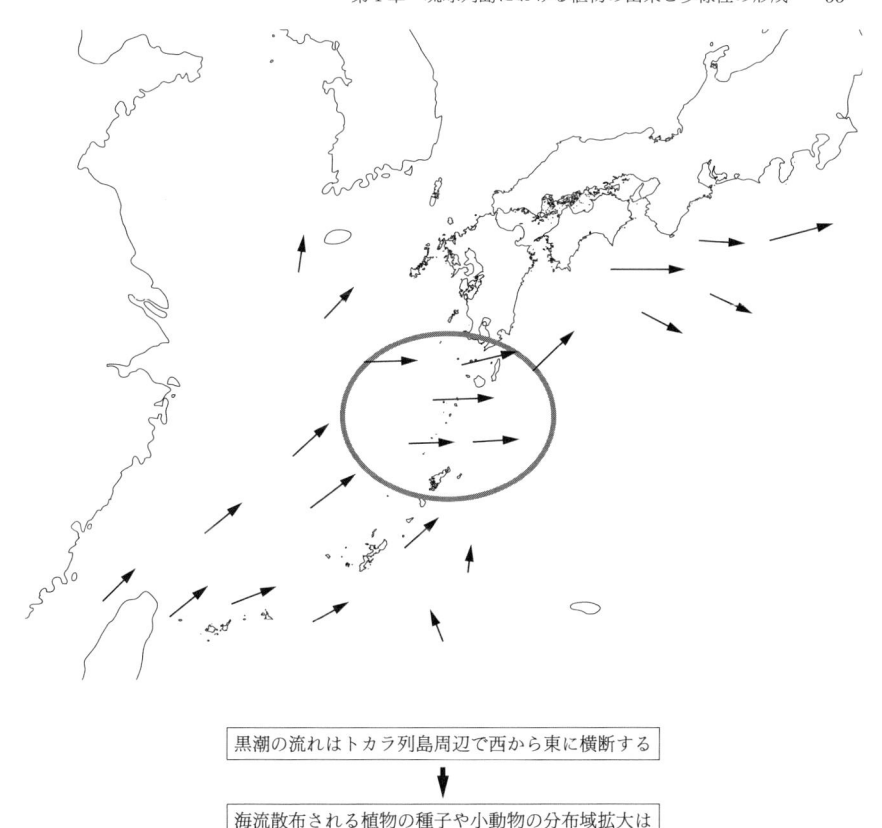

図23 南西諸島周辺における黒潮の流れ。楕円で囲ったトカラ列島周辺で黒潮が西から東に向けて流れを曲げる。なお，この黒潮の蛇行は後氷期以降に東シナ海や日本海が形成された後に形成されたものである。生物の分断分布がそれよりも前に形成された場合には，これとは別の要因を考える必要がある。

れ出る影響で(淡水は比重が軽いために，海水の上を滑るように流れる)，黒潮の流れが影響を受けるからである。おそらく，は虫類などの小動物では，海流を介した散布がわずかな頻度で起こり，これが琉球列島の3地域(ふたつの海峡を隔てた北琉球/中琉球/南琉球)への分断後にもわずかな遺伝子流動をもたらしていたのだと思われる。動物地理学における渡瀬線は，厳密には小宝島と悪石島の間に位置するが，実際の分布や系統地理構造はトカラ列島の間のさまざ

まな境界に存在する。このことも，黒潮の東西方向の横断によって「たまたま」その位置に境界線ができたと考えれば理解できる。

　このような考察をしていた時期に，Nature に「島にすむトカゲの進化には海流が関与している(Ocean currents mediate evolution in island lizards)」というタイトルの論文が掲載された(Calsbeek and Smith, 2003)。カリブ海のトカゲの進化を海流の方向と関連させて論じた研究であった。この論文を読んで，トカラ海峡において渡瀬線に代表される動物地理学上の区系が存在する理由を，トカラ海峡における黒潮の蛇行に求める思いがいっそう強くなった。なお，トカラ海峡で黒潮が東西に蛇行したのは第四紀の最終氷期(ウルム氷期：約2万年前)以降のことであると考えられている。地続きになった琉球弧や対馬海峡，サハリンや千島列島が開くことによって，黒潮の流れが発生したことになる(それまで東シナ海は琉球弧の「堤」で覆われた内海に，日本海は湖になっていたと考えられている)。そうであるとすると，現在の動植物の分布は2万年程度の比較的短い期間に大きな影響を受けたことになる。

　一方でソテツやスダジイの種子はわずかな距離でさえも海流散布ができないために，海流の影響を受けることがなかったと思われる。そのために連続した陸橋の影響のみを留めているかもしれない。それではなぜ，このふたつの植物では島嶼間隔離の影響をサイトタイプに留めていないのであろうか？これに対して明確な答えはない。一時期は，木本植物であるが故に，世代更新と進化速度の遅さを原因に考えた(ソテツやスダジイでは種子発芽してから開花・結実するには何年も要するであろう)。このように木になる植物では繁殖のサイクルが比較的長いために，種子の移入→生長→開花結実→種子散布と分布域拡大のサイクルが長くなり，種子散布能力の低さも相まって集団間の移入が低下したために，地理構造が単純化しやすかったとのではないかと思われる。しかし，同じ特性の木であるタイワンソテツには顕著な多様性があるので，理由として該当しないであろう。むしろ，間氷期や後氷期において個々の島の面積が狭くなるにともなって，集団のサイズが減少し，これにともなう遺伝的浮動(図4を参照)によってサイトタイプが単純化したのではないだろうか(ソテツとスダジイで3タイプに[スダジイでは台湾を含めると4タイプ])。ソテ

ツもスダジイでも，沖永良部島や徳之島以北ではサイトタイプが単型化していたために，その後に地形や海流の変化が起きてもサイトタイプの構成は影響を受けなかったと思われる。

ソテツやスダジイのサイトタイプがどのような経緯で現在の地理構造を形成したかについての仮説を図24に示した。ポイントは3つである。

① 氷期において琉球列島のほぼ全域が陸橋でつながった時期があると考えること。

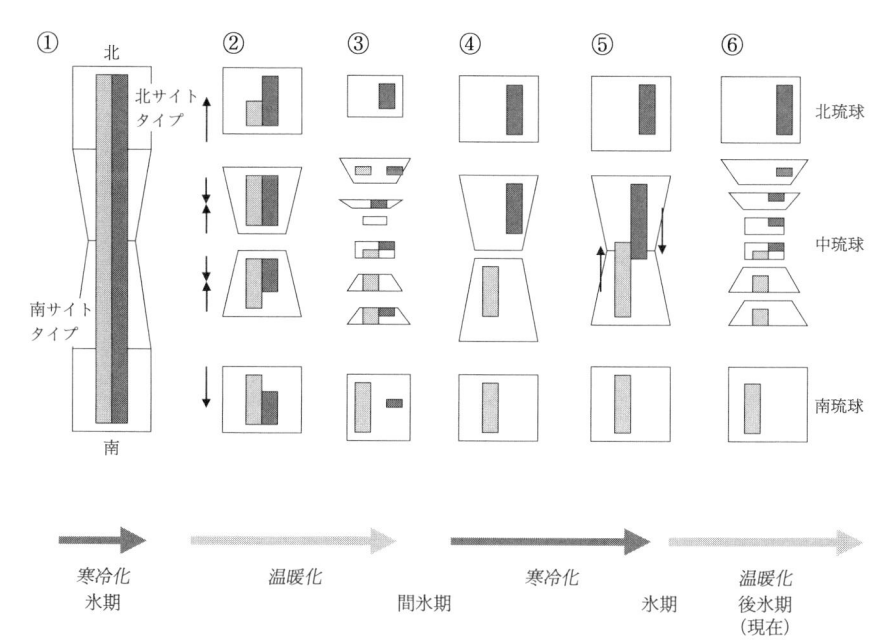

図24 陸橋の形成と分断の繰り返しのなかで，ソテツやオキナワジイのサイトタイプが南北分化を起こした過程のイメージ。①氷期に寒冷化して海水面下降が起こり，陸橋が形成された。このときに，南北両サイトタイプが陸橋全域に分布していたと仮定する。②・③氷期が終わって温暖な間氷期に移行すると，海水面が上昇して陸橋は島々に細分化されていく。これにともなって植物の集団サイズが小さくなり，遺伝的浮動(図4参照)が働いて島ごとのサイトタイプが単純化しやすくなる。④しだいに寒冷化が進んで隣接する島がつながり始めた。このときすでに，遺伝的浮動によって北琉球側は北サイトタイプに，南琉球側は南サイトタイプに寄っていたと思われる。⑤氷期に陸橋が形成されていくなかで，中琉球において南北両サイトタイプが交差した。⑥後氷期に再び暖かくなり，ソテツやオキナワジイのサイトタイプが南北分化を起こした状態で島嶼化が進んだ。

②間氷期の海進によって陸地と集団サイズが縮小して，遺伝的浮動が作用し，サイトタイプが少数になったこと。
③南北のサイトタイプに代表される集団が交差する場所が中琉球の徳之島～沖永良部島あたりであった。

今となっては推測にすぎないが，ソテツやスダジイともに，元来はもう少し多くのサイトタイプを保有していたのではないだろうか。それが間氷期の分断によって，集団ごとに遺伝的浮動が働き，多型の消失が促進された。このときには集団ごとにサイトタイプはバラバラに固定されたはずである。間氷期から氷期に向かう過程で，近接する島嶼間で集団が混ざり，遺伝的浮動によって単型化が進行した。ただし，氷期が近づくにつれて陸塊が大きくなり集団サイズも大きくなるので，徐々に遺伝的浮動は効果を持たなくなったであろう。その後に何度か繰り返された氷期における再度の陸橋の形成と島嶼への分断の過程で，徐々に北側のタイプと南側のタイプに収束が進み，最終氷期以降において中琉球の島嶼がまだ連続した陸塊を形成しているときに，南北のタイプが中間地点である沖永良部島や徳之島で交叉をしたのだろうと考えられる。トカラ海峡(渡瀬線)で分布や系統地理構造にギャップを持つ小型は虫類などでは，図24における⑤の段階で，最終氷期以降におけるトカラ海峡での海流の蛇行にともなって隔離が強く作用したのであろうと考えられる。最終氷期以降の短い期間に現在の地理構造が形成されたことは，例えば日本本土の多くの植物の系統地理研究で支持されており，これは琉球列島においても同様であると思われる。

4. 島嶼固有の特性——交雑と遺伝子浸透

ダーウィンによる進化論の刊行以降，生物の種分化や多様化を研究するうえで島が格好の対象であることに異論を唱える人はいないであろう。ここでは少々堅苦しいが，島々を「島嶼」あるいは「島嶼系」と表現することにする。島嶼固有種についてさまざまな研究が行われてきたのは理解しやすいが，同様に固有種の間の交雑や浸透性交雑(雑種が片方の親に戻し交配を繰り返す結果，

見かけは戻し交配の親種と同じだが，遺伝子の一部がもう一方の親種のものに置き換わっている現象をいう)に関わる多くの研究も行われてきており，島嶼植物の進化や種分化に重要な要素であると見なされてきた(例えば Brochmann, 1984, 1987; Lowrey and Crawford, 1985; Witter and Carr, 1988; Francisco-Ortega et al., 1996)。面積が狭く，複数の近縁な植物種が同所的あるいは隣接して生育する島嶼系においては，こうした雑種の形成や浸透性交雑が起こりやすい環境下にある。例えばガラパゴス諸島のダーウィンフィンチは基本的には雑食性だが，主に食する対象が多様化していて(例えば種子食，吸蜜，昆虫食(この際に小枝やサボテンのトゲを道具として使う種や，キツツキと同じ採餌行動をとる種もある)，イグアナのダニ食，カツオドリの吸血など)，それぞれの食べ物と食べ方に対応して嘴(くちばし)の形と大きさが顕著に違っている。これらは形態に応じて15種に分類されているが，遺伝子を詳しく調べると別種に固有な遺伝子型が混ざっていることが知られている。狭い島のなかで，特異とする食べ物を違えることによって食料不足を補う生き方をしているために，嘴に顕著な違いをつくっているが，狭い島内でひしめき合って暮らしているために，低頻度で雑種が形成される。これが戻し交配を繰り返すことによって，種に固有な遺伝子型が別種のなかに入り込んでしまうのである。

　同じことは植物にも起こる。ここでは琉球列島と小笠原諸島に分布するモチノキ科モチノキ属 *Ilex* の分子系統学的解析において見出された浸透性交雑の痕跡を紹介する。この研究を始めた理由は，当時，私が東京都立大学(現，首都大学東京)に勤務していたからであった。小笠原村は東京都であり，品川ナンバーの車が走る島である。東京都はアメリカ合衆国から小笠原諸島が返還された際に研究施設をつくり，それ以降，都立大学の研究者たちに小笠原諸島を対象にする研究を奨励していた。そこで私は小笠原諸島の固有植物の起源を探る研究の一環として，モチノキ属の小笠原固有種を扱うことになった。ところが偶然に4固有種間で浸透性交雑が起きていることを見出した。さらに，同様の現象が琉球列島の一部の固有種間にも平行して起こっていることをつかんだ。そこで研究の当初の目的を急きょ変更して，このふたつの島嶼系におけるモチノキ属固有種間の浸透性交雑を調べることになったので

ある。

　この章は琉球列島の植物を中心に扱っているので，本題の琉球に戻そう。モチノキ属はモチノキ科の最も大きな属で，5亜属8節約400種が世界の熱帯から温帯にかけて分布する。このうち2亜属7節23種が日本に分布しており(山崎，1989)，琉球列島には6固有種と5広域分布種が生育している。このうち本研究で遺伝子流動が見つかった種は，アマミヒイラギモチ *Ilex dimorphophylla* とナガバイヌツゲ *I. maximowicziana* の2固有種である。アマミヒイラギモチは奄美大島の湯湾岳山頂だけに生育する奄美固有種で，外部形態に基づくモチノキ属の分類では赤い実をつくるモチノキ節に属する。ナガバイヌツゲは石垣島と西表島の固有種で，黒い実をつくるイヌツゲ節に分類される(図25)。一方で，小笠原諸島には4種の固有種，ムニンイヌツゲ *Ilex matanoana*，シマモチ *I. beecheyi*，ムニンモチ *I. mertensii*，アツバモチ *I. percoriacea* が生育する。名前の通りに，ムニンイヌツゲがイヌツゲ節で，ほかの3種がモチノキ節である。これら4種は外部形態の類似から，日本のモチノキ属構成種と近縁であると考えられてきた(豊田，1981；山崎，1989)，イヌツゲ節とモチノキ節の形態的な違いをまとめると，次のようになる。

　①果実の色　　イヌツゲ節は黒色，モチノキ節は赤色
　②花序の形成位置　　イヌツゲ節はその年に新たに伸長した枝に形成される，モチノキ節では前の年の枝に形成される
　③葉の腺点　　イヌツゲ節では有る，モチノキ節では無い。

　この研究では琉球列島と小笠原諸島におけるモチノキ属固有種の間の系統関係を葉緑体と核の2種類のDNAを用いて解析した。この2種類のDNA情報を別個に扱って系統樹を作成し，そのふたつの間の矛盾から種間交雑を見つけてみることが目的である。日本産のモチノキ属構成種とともに，葉緑体DNAの制限酵素切断断片長多型 Restriction Fragment Length Polymorphisms (RFLP)と *trnL*(UAA)3′exon から *trnF*(GAA)のスペーサーの塩基配列，さらに核のリボゾームDNAのITSという領域(Internal Transcribed Spacer)の塩基配列を解析した。これらの分子データを基にして，葉緑体DNAと核DNAの情報を使って系統解析を行い，ターゲットとする島嶼固有種の起源

図 25　琉球列島と小笠原諸島で浸透性交雑を起こしていたモチノキ属固有種。(A) ナガバイヌツゲ (琉球列島, イヌツゲ節), (B) アマミヒイラギモチ (琉球列島, モチノキ節), (C) シマモチ (小笠原諸島, モチノキ節), (D) ムニンイヌツゲ (小笠原諸島, イヌツゲ節), (E) ムニンモチ (小笠原諸島, モチノキ節)

を考えることが最初の目的である。簡単な系統解析の研究であり，職場の義務を果たすために短期間で「処理する」仕事として浅く考えていたのである。琉球列島からは，ナガバイヌツゲやアマミヒイラギモチのほかにも，沖縄本島などに分布するムチャガラ（イヌツゲ節）やオオシイバモチ，リュウキュウモチ（モチノキ節）を採集した。また，日本本土からも固有種を集めた。モチノキ属の外群には，分子系統の研究でモチノキ属の姉妹群になることが明らかになっている北米のネモパンザス *Nemopanthus* という属の植物を用いた。

　この研究では最初に，葉緑体 DNA を使った解析を進めた。RFLP とスペーサーの塩基配列の両データをあわせて，最節約法で系統解析を行った結果を図26に示す。モチノキ属の系統は，外部形態に基づいた分類通りに，モチノキ節とイヌツゲ節をきちんと分ける内容となった。期待通りにうまい結果が得られたのであった。琉球列島の固有種では，ナガバイヌツゲとムチャガラがイヌツゲ節に，アマミヒイラギモチやオオシイバモチ，リュウキュウモチがモチノキ節に帰属した。小笠原諸島の4固有種も分類通りに，ムニンイヌツゲがイヌツゲ節に，残りのシマモチ，ムニンモチ，アツバモチがモチノキ節に属することがそれぞれ支持された。何の不思議もない。分類の通りの結果であった。

　次に私は，この葉緑体 DNA 系統樹の信頼性を「補強」するつもりで核 DNA の ITS 塩基配列を出して，葉緑体 DNA の系統樹のデータに追加をした。ところが，得られた系統樹は体をなさずに箒のような多分岐になってしまった。葉緑体 DNA と核 DNA の ITS 塩基配列が，まったく異なる情報を出していたのである。そこで，ITS だけで系統樹を作成してみたのが図27である。小笠原諸島の全4固有種は96％の信頼性（ブーツストラップ値）で単系統であることが支持され，モチノキ節のなかに位置する。また，琉球列島の固有種のアマミヒイラギモチ（奄美大島に固有）とナガバイヌツゲ（石垣島と西表島に固有）が50％未満のブーツストラップ値ではあるが単系統であり，やはりモチノキ節のなかに位置することが示された。この結果は解析する個体数を増やしても同じであった。小笠原諸島の全固有種，ならびに琉球列島固有種のアマミヒイラギモチは各5個体ずつ，ナガバイヌツゲについては石垣島

第 1 章 琉球列島における植物の由来と多様性の形成　63

```
              ┌── イヌツゲ
        71 ──┤
        (1)   └── ムチャガラ
    89 ──┤                                    ┐
    (2)  ├────── ナガバイヌツゲ(琉球列島：石垣島)  │ イヌツゲ節
         └────── ムニンイヌツゲ(小笠原諸島)      ┘
 ┌──────────── クロガネモチ
 │              ┌── モチノキ                   ┐
 │              ├── アマミヒイラギモチ(モチノキ節)琉球
 │              ├── タラヨウ                   │
 │              ├── シイモチ                   │
 │    73        ├── ツゲモチ                   │
 │   (1)     60 ├── オオシイバモチ              │ モチノキ節
 │          (1) ├── ムニンモチ(小笠原諸島)       │
 │          60  ├── シマモチ(小笠原諸島)        │
 │         (1)  ├── アツバモチ(小笠原諸島)       │
 │              ├── リュウキュウモチ            │
 │              └── ツルツゲ                    ┘
 ├────────── ウメモドキ
 ├────────── ソヨゴ
 ├────────── タマミズキ
 ├────────── アオハダ
 └────────── Nemopanthus [外群]
```

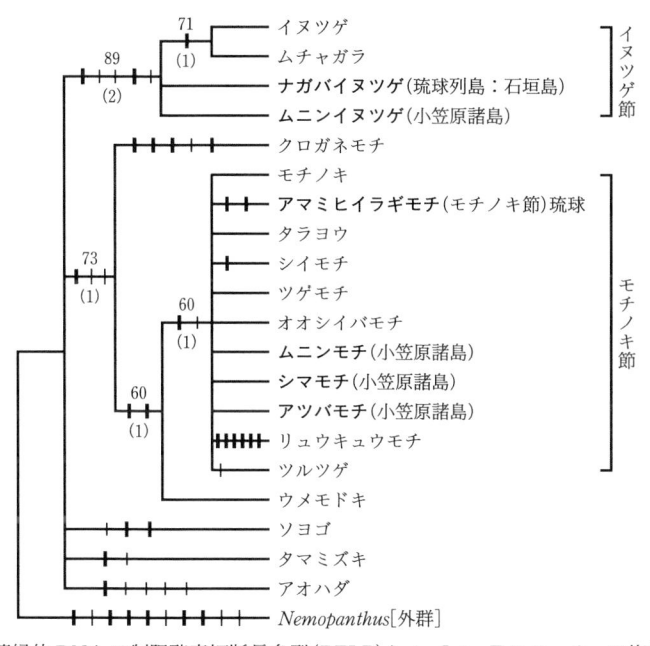

図 26　葉緑体 DNA の制限酵素切断長多型(RFLP)と *trnL-trnF* スペーサーの塩基配列に基づく日本産モチノキ属の最節約系統樹．RFLP における制限サイト(DNA を切断する部位)を枝の上にバーで示した．太いバーは一系統樹上の 1 か所だけで生じたサイトを，細いバーは 2 か所以上で並行的に生じたサイトを示す．各枝の上の数字はブーツストラップ確率を，下のカッコのなかの数字は崩壊指数(decay index)を示す．

と西表島から各 5 個体の合計 10 個体で塩基配列を調べたが，同種内での個体間変異はまったく検出されなかった．単系統となった小笠原固有種間の ITS1 と ITS2 の塩基配列の相同性は，イヌツゲ節のムニンイヌツゲとそのほかのモチノキ節の種の間の塩基配列の相同性で 94.5〜95.5%，モチノキ節 3 種の間では 99.4% 以上の高い相同性が認められた．小笠原と同様に単系統となった琉球列島固有種のうちのアマミヒイラギモチとナガバイヌツゲの塩基配列では相同性は 97.5% であった．

　これはいったいどうしたことなのだろうか．再び「不都合な真実」に遭遇してしまったのである．ITS 塩基配列の追加は，葉緑体 DNA データの補強どころか，迷宮入りとなるデータを掘り起こす作業であった．そしてこの

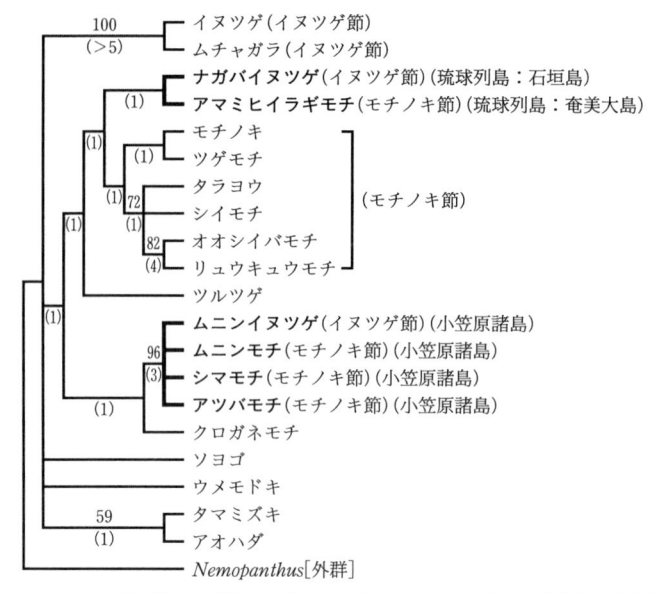

図27 核DNAのITS領域塩基配列に基づく日本産モチノキ属の最節約系統樹。系統樹の形が葉緑体DNAのもの（図26）と大きく異なっている。

研究は「お蔵入り」となった。再び冷静にこのデータに向き合ったのは1年をすぎたころであった。ある論文のなかで，浸透性交雑 introgression, introgressive hybridization という言葉と出会ったのがきっかけであった。すると迷宮入りと思っていたデータは，意外に面白い事実を示しているのではないかと思えてきた。

この結果で注目するべき点は，小笠原諸島の全固有種と琉球列島の2固有種の系統関係について，葉緑体DNAと核DNAによって示唆される結果が異なることである。葉緑体DNAの系統ではモチノキ属の系統は外部形態とこれに基づく分類体系に準拠する結果になっている。つまり，小笠原固有種のうちのムニンイヌツゲはイヌツゲ節のクレードに，ほかはモチノキ節のクレードに帰属している。また，琉球列島固有種のなかでもナガバイヌツゲはイヌツゲ節に，アマミヒイラギモチはモチノキ節に帰属するという，見かけと分類通りの結果である。ところが核DNAのITSの系統では，無関係と

思われる固有種どうしが単系統であることが示された。

　この葉緑体DNA系統樹と核DNA系統樹の不一致の原因には，浸透性交雑が起きている可能性が考えられる。モチノキ節からイヌツゲ節への方向のITSの浸透性交雑がである。前述のように浸透性交雑とは，交雑によって形成された雑種個体が，片方の親種と交配を重ねる(戻し交配という)ことによって，形態的には片親とまったく同じでありながらもう一方の親の遺伝子が部分的に入り込んでいる現象をいう(図28)。

　この結果の場合，ITSの系統樹において，ナガバイヌツゲとムニンイヌツゲがモチノキ節の方に不自然に入っている。だからモチノキ節からイヌツゲ節の方に向けて，ITSの領域が「浸透」していったと考えるのが自然であろう。それにしても，琉球列島と小笠原諸島というまったく異なる島嶼で，それぞれ同じような現象が起きているのは奇遇としかいいようがない。琉球列島はかつて陸橋で広範囲につながった大陸島，小笠原諸島は形成以来ずっと孤島の海洋島である。由来がまったく異なる2つの島嶼系それぞれにおいて同じことが繰り返して起こるのであろうか。

　起きていることを推測してみる。まず，ずっと孤島であり続けた小笠原諸島の方で考えてみると，次のようになる。小笠原諸島の固有種あるいは固有種の祖先のうち，イヌツゲ節とモチノキ節の種の間で交雑が起こり，雑種が形成された。続いてこのF1雑種がムニンイヌツゲ(あるいはその母種)と戻し交配を繰り返した。この子孫の見かけは限りなくムニンイヌツゲに近く，しかしそのゲノムの一部(この場合には核DNAのITS領域)は，モチノキ節のものに入れ替わってしまったのである。小笠原諸島においてはモチノキ節の3つの固有種のITSが，こうした過程でムニンイヌツゲのITSに入り込んで置き換わったものと考えられる。小笠原諸島は小さな面積の島である。しかもモチノキの仲間が生えることができるような湿潤な森林がある場所は限られる。いきおい，ムニンイヌツゲもモチノキ節の3つの固有種も，同じ場所にひしめき合って生育することを余儀なくされている。こうした生育地の事情が，雑種形成や戻し交配を可能にする素地をつくったと思われる。また，ITS領域の塩基配列が均一になったことについては，協調進化 concerted evo-

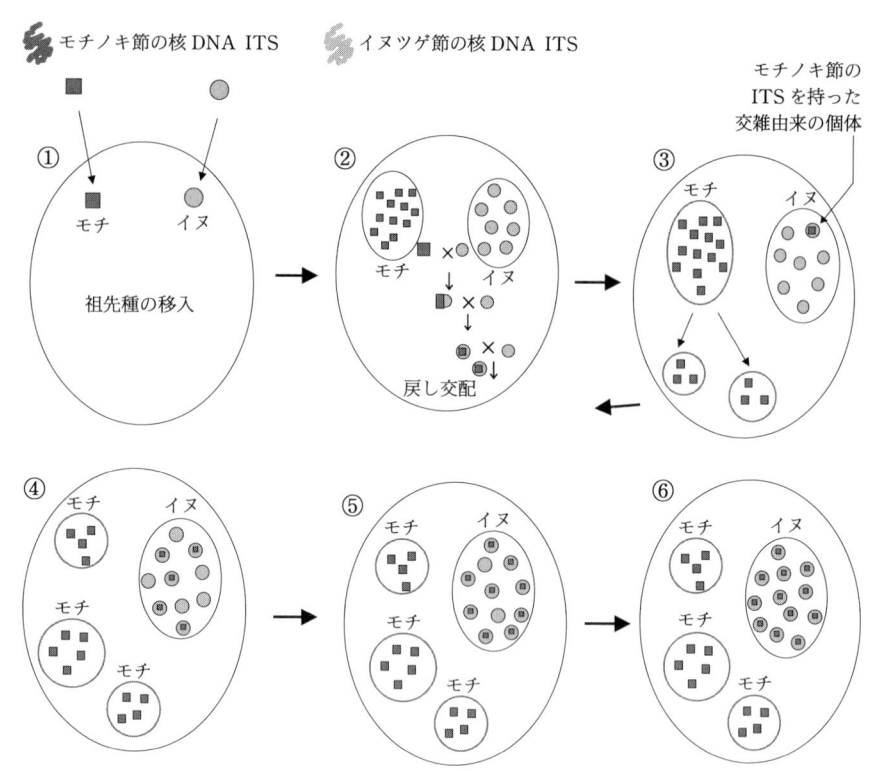

図28 琉球列島や小笠原諸島でモチノキ節とイヌツゲ節の間で浸透性交雑が起きた過程。①島のなかにモチノキ節とイヌツゲ節の祖先種が移入した。②小さな面積の島のなかでふたつの節の間で交雑が起こり，雑種がつくられた。この雑種は，たまたまイヌツゲ節の集団のなか(近く)に定着したためにイヌツゲ節と戻し交配を繰り返した。このために，交雑を経験した個体の見かけはイヌツゲ節のものと違わぬものになったが，ITS領域の塩基配列にはモチノキ節のタイプが維持された。③小笠原諸島や琉球列島ではモチノキ節の種分化が起きた(両島ではモチノキ節の固有種が多い)。その一方でイヌツゲ節の集団のなかには，モチノキ節のITSを持った交雑由来のイヌツゲ節が残った。④⑤⑥島の植物の集団サイズは小さいために，遺伝的浮動が作用しやすい。このために，イヌツゲ節の集団のなかでは，しだいにモチノキ節のITSを持った交雑由来のイヌツゲ節の個体が増えていき，最終的にはこのタイプに置き換わっていった。

lutionが影響を及ぼしたのかもしれない。核のDNAにあるITSは交雑や浸透性交雑の研究に分子マーカーとして使われることが多く，その多くの事例が報告されている(例えばRiesburg et al., 1993; Sang et al., 1995; Wendel et al., 1995)。ITSは核ゲノムのなかに多重遺伝子として存在しているが，多くの場合は個体内の多型はひとつ，または少数に収束してしまう。これを協調進化という。実際，ITSで協調進化が起こっていることはいくつかの研究例でも見つかっている(例えばKim and Jansen, 1994; Sang et al., 1995; Wendel et al., 1995)。小笠原固有種間のITS塩基配列の相同性はとても高く，95～100%の間であった。そしてもうひとつ重要なこととして，島の固有種の個体数は本州や大陸の種と比べるととても少なく，いわゆる集団サイズがとても小さいのが特徴である。このような場合には，ITS領域のような中立な(生き死にの優劣に無関係な)DNAの部位(遺伝子座)は，遺伝的浮動genetic driftという現象によって単型化していくことが知られている(図29)。

　続いて，琉球列島のアマミヒイラギモチとナガバイヌツゲである。これらについても小笠原諸島の場合と同じように浸透性交雑が起こっていたと考えるのが筋である。しかし，アマミヒイラギモチ(モチノキ節)は奄美大島の固有種であり，もう一方のナガバイヌツゲは石垣島と西表島の固有種である。奄美大島と石垣島と西表島は約500km離れているにも関わらず，過去においてこの2種間で交雑が起こったことを示唆している。つまり，過去において両種が交雑を行うことができたほど近接して分布していたことになる。ここで活きてくるのが，前述のクサアジサイやアセビ，ソテツ，スダジイで繰り返して述べてきた，陸橋の存在である。琉球列島は第三紀末～第四紀の約2万年前までにかけての時期に数度にわたって，氷期に陸橋を形成しては，間(後)氷期に海進による崩壊を繰り返していた。いまは離れて生育するアマミヒイラギモチとナガバイヌツゲも，陸橋があれば同じ場所に生育して雑種形成と浸透性交雑を起こすことが可能になってくるのである。

　さて，まとめると本研究で得られた知見では，以下の3点が注目される。
　①核DNAの流動が，葉緑体DNAの流動をともなわずに起こっていること。

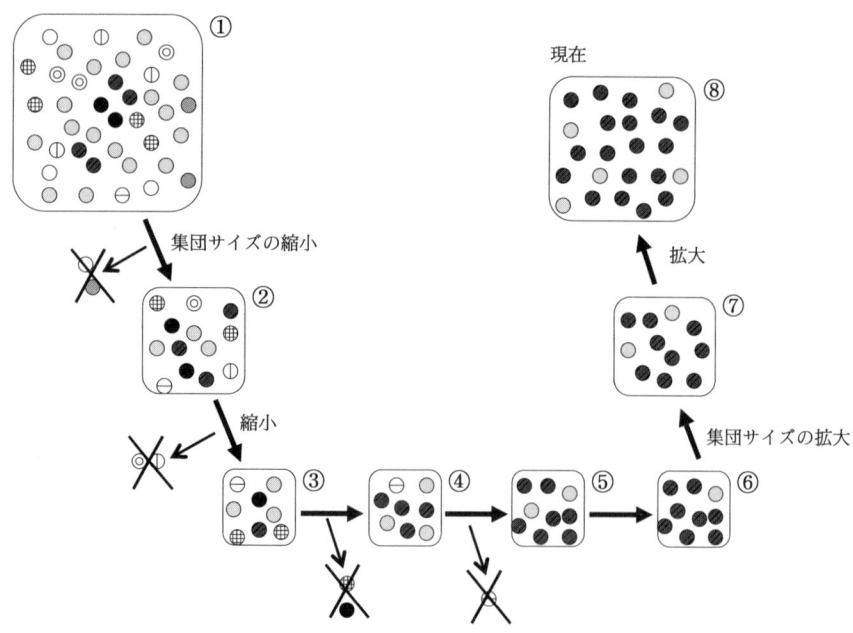

図29 島嶼の植物集団が第四紀の気候変動のなかで集団サイズの変動と遺伝的浮動を進めていった過程。①初めの集団は大きく，多様な遺伝子型を持った個体が多数集まってできていた。②間氷期の温暖化によって海水面が上昇して，島の面積が小さくなった。これにともなって集団サイズが小さくなり，遺伝的浮動によって一部の遺伝子型を持った個体が消失した。③④さらに島が小さくなり，集団サイズが小さくなった。これによって遺伝的浮動はさらに強まり，遺伝子型の多様性が消えた。⑤島のサイズと集団サイズが小さなまま維持される過程でも遺伝的浮動は働き続け，遺伝的多様性の単純化が進んだ。⑥⑦⑧温暖化が収束して海水面が下降するとともに島の面積が増加した。このために植物の集団サイズが増加に転じることになった。しかし一度単型化した集団をもとにして個体数が増えても，遺伝子型の種類は増加しなかった。

②浸透性交雑あるいは交雑は，節の間で起こっていること。

③浸透性交雑あるいは交雑は，琉球列島と小笠原諸島のふたつの島嶼系で繰り返し起こっていること。

である。

まずひとつ目の事項であるが，じつは核DNAの流動が葉緑体DNAの流動をともなわずに起こっている事例は少ない。多くの事例では，交雑や浸透性交雑は細胞質ゲノムと核ゲノムの間で片寄った遺伝的流動を呈する。すな

わち，細胞質ゲノムの遺伝的流動は頻繁に起こり，かつ，核ゲノムの流動をまったくともなわない，あるいはほとんどともなわないことが大部分である。本研究で把握された，葉緑体DNAの流動をともなわない核DNAの流動は，少ない事例に加えられることになる。

　二番目に，これまでに植物で報告されてきた交雑や浸透性交雑に関する研究は，近縁な種間におけることがほとんどであり，節を超えた遺伝的流動はわずかしか報告されていない（例えばWendel et al., 1995）。本研究では両節の間の遺伝的距離を測定してはいないが，遺伝的多様性はモチノキ属全体において非常に低いものであった。RFLPでは32の制限サイト変異を検出したが，7節を含んだモチノキ属全体で系統解析に有為な変異はわずかに10サイトであった。葉緑体DNAの *trnL-trnF* のIGSは種間の変異を解析するのにも有用な，変異を多く含む領域であるにも関わらず，属全体でわずかに2塩基の置換しか検出できなかった。ITSにおいても系統解析には十分な変異を見出すことができていない。このように，今回研究対象としたモチノキ属の各節全体における遺伝的多様性の低さが，節を超えた遺伝的流動を促したものと考えられる。

　そして3点目が本題として重要なことなのだが，浸透性交雑あるいは交雑が，琉球列島と小笠原諸島のふたつの島嶼系で繰り返し起こっていることも注目される。一般に，交雑や浸透性交雑は，複数の種の分布域が重なる場所で起こりやすいことが知られている。本研究におけるモチノキ属島嶼固有種は，例えば小笠原諸島では狭い面積の島嶼内に各種がほぼ一緒に生育している。小笠原でモチノキが生きていけるような森林が発達する場所は，小さな島のなかでもさらに限られるのだ。琉球列島も似たような状況であり，氷期につくられた陸橋がアマミヒイラギモチとナガバイヌツゲの交雑を可能とした。こうした同所的分布が，イヌツゲ節とモチノキ節の間でさえも遺伝的流動を促したものと思われる。いったん交雑が（そして引き続いて戻し交配が）起こると，島嶼植物という小さなサイズの集団においては流動した遺伝子が容易に拡散して蓄積されて行く可能性がある。このように，島嶼固有種における遺伝的流動は，交雑や浸透性交雑によって容易に起こりやすいのかもしれな

い。これを促進しているのが，狭い島という特殊環境，すなわち小さな面積と小さな集団サイズによる限られた分布域や同所的分布であると考えられる。

　このような浸透性交雑は，島という狭い社会においては起こりやすい現象であることを私たちは認識しておく必要がある。それは進化的に面白い現象であるとともに，人間が島外から持ち込む植物が，ときとして自然がつくりあげた系統地理構造を壊してしまい，さらに地域の自然環境に適応した体を蝕むおそれがあるからである。

5. 植物系統地理学の知見をどのように活かすか

　以上に述べてきた研究事例から，琉球列島の植物は，第四紀の気候変動にともなう地形の変動の影響を大きく受けながら進化し，あるいは種の内部に遺伝的多型のなかに地理的な構造を記録していることが明らかになった。これらの研究で調べたDNAの多型は何の機能も持っていない，中立な遺伝子座である。だから，例えばソテツで南北のタイプに分かれていたとしても，それが琉球列島の南と北でどのような環境適応に役立っているかは不明である。しかし，最近の私たちの研究室では，こうした南北分化にともなって，例えばフィトクロムなどの光受容体が変化していて，高緯度地域と低緯度地域の光環境を開花などのタイミング調節に活かしている現象が見つかってきている(例えばIkeda et al., 2009)。したがって，このような地理構造を乱すような移植などは，極力さけることが望ましいと思われる。植物はいったん種子が発芽すると，その場所から生涯にわたって離れることができない。生育場所が不適であるときにはさっさと移動できる動物と大きな違いがある。体中をアンテナのようにして感性を研ぎすませ，生育地の環境をセンシングして適応することは植物の生き死に関わる重要なことなのだ。私たちは，例えばソテツ，スダジイをひとまとめにして把握するのではなく，どこの産地かを気にして向き合う必要があることを読者の皆さんにも理解していただきたい。

　第二に，琉球の島はサイズが比較的小さいために，ここの植物の分布範囲

はさらに狭くて限られていることに注意が必要である。これは，モチノキ属の研究例で示したように，島の植物集団においては種間の交雑や浸透性交雑が起こりやすいからだ。琉球列島の植物は，そのなかに歴史的な系譜を留めながら，島独特の環境に遺存的に生き残り，さらに狭い面積下でさまざまな種が隣接あるいは同所的に生育するために交雑を起こしやすい状況にある。したがって，島嶼ごとに築き上げられた遺伝的構造を乱すことなく，遺存的に生き残った植物を維持することが人間の活動に対して強く求められよう。この点において植物系統地理学の知見は大きく貢献できる。

街路樹を見分ける

　具体的な応用例をソテツで提示したい。ソテツはその樹型が美しいために，温帯から熱帯までのさまざまな場所で園芸樹木として使われている。ソテツ目植物は世界に3科9属120種ほどあるが，私は日本のソテツが一番美しいと思う。艶のある均整がとれた葉，葉先がそれほど尖っていないこと（葉先が針のように尖ったソテツ類も多い）は好まれる大きな要因であると思う。ハワイやバリ島のホテルの庭，バンコックの有名な寺院，上海の道路の中央分離帯，果ては雲南省の辺境の安宿の玄関先に至るまでソテツが植えられている。もちろん，日本国内でもソテツは園芸用に用いられ，街路樹にも使用されている。しかし，これらの園芸用ソテツの主な生産基地は奄美大島なのである。つまり，園芸用として出回るソテツの多くはサイトタイプNを保有することになる。

　沖縄県においてもソテツは街路樹としても積極的に使用されており，国道や県道にも植樹箇所が多く見受けられる（図30）。沖縄本島のある国道の中央分離帯に植樹されたソテツ並木の22個体を採取して，そのDNAサイトタイプを解析したところ，そのうちの9個体が鹿児島県側のもの（Nタイプ）であった。約41％の個体が本来はその島嶼にないと思われるサイトタイプであった。実際にはもっと多くのサンプルを解析したかったが，通りがかりのパトカーに乗った警察官に職務質問された挙げ句に危険だから止めるようにいわれた。たしかにダンプカーが激しく往来する国道であり，幅が1mぐ

図30　沖縄県のある国道の中央分離帯にあるソテツの並木

らいの中央分離帯で採集することは危険であった。この国道を管理する事務所の担当者に聞いたところ，ソテツを納入・植樹した業者などの記録は，保管期間をすぎたために既に処分されたということであった。役所では，一定期間をすぎた書類は捨ててしまうらしい。また，担当職員も異動や退職などでたどることができないという返事であった。結局，昔のことは何もわからないままに，街路樹のソテツの由来は迷宮入りとなった。前述のソテツの系統地理の研究では，解析した個体数は230個体にすぎず，また図26に示したように仮説としては南北両サイトタイプがかつては広域に分布したと考えるために，これらNタイプのすべての個体が県外産であるとはいい切れない（地元やほかの島の海岸や畑から掘り取られたソテツもあるであろう）。研究にあたって私たちがサンプリングしなかった何処かの集団にはNタイプが遺存的に残っているかもしれないからである。しかしさすがに，沖縄本島の街路樹で41%の個体がNタイプ（要するに県外産）であることは不自然であると思われる。

南北に分化が起きているソテツが，街路樹植栽を介して交雑した場合には，自然植生のソテツ集団にもさまざまな不都合が生じると思われる。ソテツは南北間で形態的にも分化が進んでいるからである。そもそもソテツの植物地理を始めるうえで大きな動機づけになったのが，奄美大島でソテツの生産をしている園芸業の方から「ソテツの株を関東地方などへ出荷するにあたっては，徳之島あたり以北のソテツを出荷した方がよい。南のソテツは冬に藁巻きをしたときに，葉の付け根から折れてしまう」と聞いたからである(図31)。私の研究室での知見は，じつはずっと以前から園芸に携わっていた方たちが経験的に気づいてきたことを DNA で確認しただけのことであったといえるかもしれない。また，羽片の幅と縁の巻き込み方も，南北方向で連続的なクラインがあることを私たちは見出している(Setoguchi et al., 2009)。このようなソテツの形態的な分化に，どのような生態的意義があるのかはわからないが，交雑によってむやみに乱すのは，はばかられるべきであろう。ソテツの分布の南側の西表島と北側の宮崎県では気温などの気候がだいぶ異なるために，私たちが把握していないさまざまな生理的分化も生じているのではないかと思われるので，このような可能性も予め危惧することが必要である。

　したがって，付近にソテツの自然植生がある場所においては，街路樹のサイトタイプ解析を進めることによって N タイプの個体を取り除くことが望ましいと思われる。また，ソテツに限らず地元に自然分布する種類の木を街路樹として新たに植栽する場合には，地元本来の遺伝子型と照合することが必要になってくると考えられ，植物系統地理学の研究で見出される各地のサイトタイプあるいはハプロタイプはこのスクリーニングに有効に使用できるであろう。

　琉球列島の固有種は，特定の島嶼のなかでも限られた場所に小集団で生育していることが多い。園芸的価値を持っている場合，あるは琉球列島で盛んな公共事業としての土木工事の対象エリアに自生地が重なる場合には，絶滅の危惧に晒される場合が多い。前者ではラン科各種，カンアオイ属各種，ウケユリ(奄美諸島)，ツツジ科リュウキュウアセビ，ヒノキ科オキナワハイネ

図 31　冬にソテツの地上部を覆う藁巻き。京都府立植物園にて

ズなどが該当しており，後者では河川沿いに生育する渓流沿い植物各種がダム開発などで危機的である。特に沖縄本島では，北部の主要な河川にダムがこれからも建設される予定であり，渓流沿い植物が生き残っていけるか危ない状況である。ヤンバルにある米軍基地の敷地が日本固有の植物種を守っているのは何とも皮肉である。日本人は自らの国の植物を自力で守る覚悟をするべきである。

　これらの植物が植物園や林業試験場，あるいは民家などで維持されている

場合には，増殖・植戻しなどに際して，植物系統地理学で得られる地域ごとに固有なDNA多型をマーカーとして用いることによって，本来の自生地（あるいは代替地）に増殖個体を植え戻すことが可能である。

　近年はさまざまな外来移入植物種が本来の植物種を駆逐しており，外来移入植物種による固有種への遺伝子汚染なども懸念されている。今後に絶滅や急激な個体数減少などが危惧される植物から優先的に，植物系統地理学と保全生物学を連携させた研究の展開が必要であろう。琉球列島では公共事業の工事がとても多いために残された時間は短く，すぐに実行することが必要であろう。大学などの研究機関が植物地理学の知見を積極的に社会へ発信して，行政やNGO，植物園などと連携しながら具体的な保護を始めることが必要である。植物地理学は，私たちが生活の基盤とする日本列島の自然の成り立ちを理解するという文化的な意義を持つとともに，環境問題の解決に重要なツールになりうる。今後は，地域ごとに分化した植物集団が，どのように地域環境に適応しているのかをゲノムレベルで解明していくことが，保全の根拠を社会に向けて発信することにつながると考える。これはまた，進化学の観点からも面白い研究になりうる。植物系統地理学は魅力ある学問であるとともに，人間社会にも役立ち，かつこれからの進化学研究に大きく発展していく礎になるものである。多くの人が関心を持ってくれることを期待して止まない。

[引用・参考文献]
Albert, V. A., Chase, M. W. and Mishler, B. D. 1993. Character-state weighting for cladistic analysis of protein-coding DNA sequences. Ann. Missouri Bot. Gard., 80: 752-766.
Brochmann, C. 1984. Hybridization and distribution of *Argyranthemum coronopifolium* (Asteraceae-Anthemideae) in the Canary Islands. Nor. J. Bot., 4: 729-736.
Brochmann, C. 1987. Evaluation of some methods for hybrid analysis, exemplified by hybridization in Argyranthemum (Asteraceae). Nor. J. Bot., 7: 609-630.
Calesbeek, R. and Smith, T. B. 2003. Ocean currents mediate evolution in island lizards. Nature, 426: 552-555.
Dohzono, I. and Suzuki K. 2002. Bunblebee-pollination and temporal change of the calyx tube length in *Clematis stans* (Ranunculaceae). J. Plant Res., 115: 355-359.
Dohzono, I., Suzuki, K. and Murata, J. 2004. Temporal changes in calyx tube length

of *Clematis stans* (Ranunculaceae): a strategy for pollination by two bumblebee species with different proboscis lengths. Amer. J. Bot., 91: 2051-2059.

Francisco-Ortega, J., Crawford, D. J., Santos-Guerra, A. and Carvalho, J. A. 1996. Isozyme differentiation in the endemic genis *Argyranthemum* (Asteraceae: Anthemideae) in the Macaronesian Islands. Plant Syst. Evol., 202: 137-152.

Huang, S., Chiang, Y. C., Schaal, B. A., Chou, C. H. and Chiang, T. Y. 2001. Organelle DNA Phylogeography of *Cycas taitungensis*, a relict species in Taiwan. Mol. Ecol., 10: 2669-2681.

Hufford, L., Moody, M. L. and Soltis, D. E. 2001. A phylogenetic analysis of Hydrangeaceae based on sequences of the plastid gene *matK* and their combination with *rbcL* and morphological data. Int. J. Plant Sci., 162: 835-846.

Hatusima, S. 1988. J. Phytogeogr. Taxon., 36: 5-8.

Hsieh, H. T. 1999. Studies on population ecology and genetic variability of *Cycas taitungensis*. Master Thesis, Department of Biology, National Taiwan Normal University, Taipei.

Ikeda, H., Fujii, N. and Setoguchi, H. 2009. Molelular evolution of phytochromes in *Cardamine nipponica* (Brassicaceae) suggests the involvement of *PHYE* in local adaptation. Genetics, 182: 615-622.

Inoue, K. and Amano, M. 1986. Evolution of *Campanula punctata* Lam. in the Izu Islands: change of pollinators and evolution of breeding systems. Plant Species Biol., 1: 89-97.

Jones, D. L. 1993. Cycads of the world. Reed Books, Chatswood.

Judd, W. S. 1982. A taxonomic revision of *Pieris* (Ericaceae). J. Arnold Arb., 63: 103-144.

環境庁自然保護局野生生物課. 2000. 改訂・日本の絶滅のおそれのある野生生物, 植物I (維管束植物). 660 pp. 財団法人自然環境研究センター.

Kelly, L. M. 1998. Phylogenetic relationships in *Asarum* (Aristolochiaceae) based on morphology and ITS sequences. Amer. J. Bot., 85: 1454-1467.

Kim, K.-J. and Jansen, R. K. 1994. Comparisons of phylogenetic hypotheses among different data sets in dwarf dandelions (Krigia, Asteraceae): addition information from internal transcribed spacer sequences of nuclear ribosomal DNA. Pl. Syst. Evol., 190: 157-185.

木村政昭. 1996. 琉球列島の第四紀古地理. 地学雑誌, 105：259-285.

木崎甲子郎・大城逸朗. 1977. 琉球列島の古地理. 海洋科学, 9：38-45.

Kyoda, S. and Setoguchi, H. 2010. Phylogeography of *Cycas revoluta* Thunb. (Cycadaceae) on the Ryukyu Islands: very low genetic diversity and geographical structure. Plant Sys. Evol., 288: 117-189.

Lowrey, T. K. and Crawford, D. J. 1985. Allozyme diversity and evolution in *Tetramolopium* (Compositae: Asterae) on the Hawaiian Islands. Syst. Bot., 10: 64-72.

Nei, M. 1987. Molecular Evolutionary Genetics. 512 pp. Columbia University Press, New York.

新原修一. 2000. 鹿児島県に固有の木本植物の収集と保存[I]. 鹿児島県林業試験場研究報告, 5：19-31.

Ohba, H. 1985. A systematic revision of the genus *Cardiandra* (Saxifragaceae-Hydrangeaceae) (2). Journ. Jap. Bot., 60: 1-11.

Ota, H. 1998. Geographic patterns of endemism and speciation in amphibians and reptiles of the Ryukyu Archipelago, Japan, with special reference to their palaeogeographical implications. Res. Popul. Ecol., 40: 189-204.

Pole, M. 1994. The New Zealand flora-entirely long-distance dispersal? J. Biogeog., 21: 625-635.

Riesberg, L. H. and Wendel, J. F. 1993. Introgression and its consequences in plants. In "Hybrid Zones and the Evolutionary Process" (ed. Harrison, R.), pp. 70-109. Oxford University Press, Oxford.

Sang, T., Crawford, D. J., Kim, S. and Stuessy, T. F. and Silva, O. M. 1995. ITS sequences and phylogeny of the genus *Robinsonia* (Asteraceae). Syst. Bot., 20: 55-64.

Setoguchi, H. and Maeda, Y. 2010. New species of *Pieris* (Ericaceae) from Amamioshima Island, Ryukyu Islands, Japan. Acta Phytotax. Geobot., 60: 159-162.

Setoguchi, H and Watanabe, I. 2000. Intersectional gene flow between insular endemics in the genus *Ilex* (Aquifoliaceae) on the Bonin Islands and the Ryukyu Islands. Amer. J. Bot., 87: 793-810.

Setoguchi, H., Fujita, T., Kurata, K. Maeda, Y. and Peng, C. I. 2006. Comparison of leaf and floral morphology among insular endemics of *Pieris* (Ericaceae) on the Ryukyu Islands and Taiwan. Acta Phytotax. Geobot., 57: 173-182.

Setoguchi, H., Watanabe, W. and Maeda, Y. 2008. Molecular phylogeny of the genus *Pieris* (Ericaceae) with special reference to phylogenetic relationships of insular plants on the Ryukyu Islands. Plant Syst. Evol., 270: 217-230.

豊田武司. 1981. 小笠原植物図譜. 380 pp. アボック社出版センター.

氏家宏. 1990. 琉球弧の地史. 沖縄の自然　地形と地質(氏家宏編), pp. 251-255. ひるぎ社.

Wagner, D. B., Furnier, G. R. Saghai-Maroof, M. A., Williams, S. M. Dancik, B. P. and Allard, R. W. 1987. Chloroplast DNA polymorphisms in lodgepole and jack pines and their hybrids. Proc. Natl. Acad. Sci. USA, 84: 2097-2100.

Wendel, J. F., Schnabel, A. and Seelanan, T. 1995. Bidirectional interlocus concerned evolution following allopolyploid speciation in cotton (Gossypium). Proc. Natl. Acad. Sci. USA, 92: 280-284.

Witter, M. S. and Carr, G. D. 1988. Adaptive radiation and genetic differentiation in the Hawaii silversword alliance (Compositae: Madiinae). Evolution, 42: 1278-1287.

Yamane K, Yasui Y, Ohnishi O. 2003. Intraspecific cpDNA variations of diploid and tetraploid perennial buckwheat, *Fagopyrum cymosum* (Polygonaceae) Am. J. Bot., 90: 339-346.

山崎敬. 1989. ツツジ科. 日本の野生植物・木本II(佐竹義輔・原寛・亘理俊次・富成忠夫編集), pp. 122-156. 平凡社.

山崎敬. 1989. モチノキ科. 日本の野生植物・木本II(佐竹義輔・原寛・亘理俊次・富成忠夫編集), pp. 26-32. 平凡社.

Yamazaki, T. 1993. Ericaceae. In: (eds. Iwatsuki, K., Yamazaki, T., Boufford, D. and Ohba, H.) "Flora of Japan. Vol. IIIa", pp. 6-63. Kodansha Ltd. Publishers, Tokyo.

Yokoyama, J., Suzuki, M., Iwatsuki, K. and Hasebe, M. 2000. Molecular phylogeny of Coriaria, with special emphasis on the disjunct distribution. Mol. Phyl. Evol., 14: 11-19.

第2章 南半球分布型植物の分子系統地理

朝川　毅守

1. 南半球において隔離分布する植物

　南半球は北半球に比べ陸地が少なく，南極大陸を中心に南米大陸，オーストラリア大陸，アフリカ大陸とそれに付随する島嶼が海洋によって大きく隔てられている。しかし面白いことに，この遠く隔てられた大陸に共通して分布する植物群があることが，古くから指摘されている(表1)。この隔離分布の原因と関連が深いとされるのが，中生代に存在したゴンドワナ大陸と呼ばれる超大陸である。ゴンドワナ大陸は，現在のマダガスカル島を中心に南極大陸，南米大陸，アフリカ大陸，オーストラリア大陸，インド亜大陸と，ニューギニア，ニューカレドニア，ニュージーランドなどの島々がひとつにつながって形成されていたと考えられている(図1)。ジュラ紀から古第三紀にかけてゴンドワナ大陸を形成する陸地が次々に分裂して移動し，現在の大陸分布になったとされている。フッカー(Hooker, 1853)は，南半球においてたくさんの植物分類群が隔離分布を示すことについて最も早く言及した一人である。彼は隔離分布の原因として，南半球に連続的で広大な陸地があったことを想定した。そしてこの広大な大陸で起源した分類群が，陸地の分断にともなって分化しながら，複数の大陸に生き残ったのではないかという，分断説 vicariance theory を提唱した。フッカーの考えは後に分断生物地理学

表1 南半球の温帯域を中心に隔離分布を示す主な植物分類群

分類群	地域(略号)	オーストラリア・ニュージーランド・タスマニア (AUS/NZ/TAS)	ニューギニア・ニューカレドニア (NG/NC)	東南アジア (SEA)	南アメリカ (SA)	アフリカ (AF)	その他
裸子植物							
ソテツ科	科全体	○				○	
スタンゲリア科	科全体	○				○	
ナンヨウスギ科	科全体	○	○		○		
マキ科							
Podocarpus		○	○	○	○	○	
Lepidothamnus		○○			○○		
Prumnopitys			○	○	○		
双子葉類							
シキミモドキ科	科全体	○	○	○	○	○	
アテロスペルマ科	科全体	○○	○		○○		
Laurelia		○			○		
ナンキョウブナ科	科全体	○	○		○		
ヤマモガシ科							
Guevina		○○○			○○○		
Lomatia		○		○	○○		
クノニア科							
Caldcluvia		○○			○○	○	
Weinmannia							

科 / 属						備考
ユークリフィア科 *Eucryphia*	○					
バラ科	○					
Acaena	○			○		ハワイ
フトモモ科全体				○		地中海, 東アジア
アカバナ科	○					
Fuchsia	○		○	○		タヒチ
グンネラ科 *Gunnera*	○		○	○		ハワイ
ホルトノキ科 *Aristoteria*	○			○		
アオイ科 *Adansonia*	○					
ゴマノハグサ科 *Hebe*	○		○	○		
キク科 *Brachyscome*	○○○					
Microseris	○		○			
Abrotanella	○○		○	○		ハワイ
ツツジ科 *Pernettia*	○					
単子葉類						
カヤツリグサ科 *Oreobolus*	○					ハワイ
Carpha	○					
アヤメ科 *Libertia*	○		○	○		
ユリ科 *Asteria*						モーリシャス

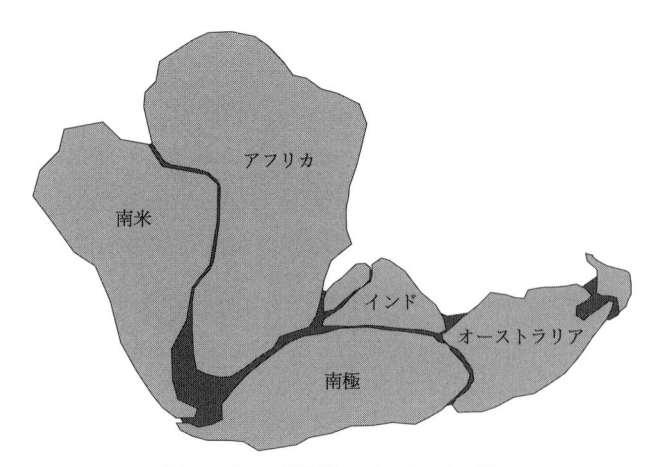

図1 ジュラ紀後期のゴンドワナ大陸

vicariance biogeography として発展してゆくことになる。ウェーゲナーによって大陸移動説が提唱されるより前に，南半球をつなぐ陸地を想定した見識には驚かされるばかりである。このフッカーの分断説に否定的な考えも存在した。ダーウィンも南半球における生物相の類似について言及しているが，北半球から並行的に南半球に侵入したとする分散説 dispersal theory を唱えた。ウォレス(Wallace, 1876)もダーウィンを支持しており，脊椎動物を例に，多くの分類群が北半球で起源して南半球に侵入したと述べている。ファン・スティーニス(van Steenis, 1962)は，太平洋地域を挟んだ両側に共通に分布する近縁分類群をリストアップしているが，そのなかで南半球の亜熱帯から暖温帯を中心に分布する分類群や，南半球の温帯を中心に分布する分類群が数多くあること指摘している。こうした分布の要因として分断と分散の中間的な立場を取り，太平洋の東西をつなぐ陸橋を想定した陸橋説 land bridge theory を提唱している。こうした初期の生物地理学的議論は，現在の分布についてさまざまなスペキュレーションを用いて説明するという手法であった。

　1960年代になり，複数の形態形質を用いた系統の分岐分析の手法が確立すると，同じように南半球に隔離分布する複数の分類群を用いて，生物の系統と地理分布の関係に関して共通性を見出そうとする，分岐生物地理学

cladistic biogeography の研究がさかんに行われるようになった。また生物の系統分岐図の情報と過去の大陸分断の歴史から，その生物の分化と大陸分断の関連性や過去の時空分布を推測する歴史生物地理学 historical biogeography も発展してきた。しかし形態形質による系統の分岐図に基づいた生物地理には，いくつかの問題があった。ひとつは系統樹の信憑性自体に疑問があったことである。形態形質の取り方のわずかな違いにより，系統樹のトポロジーが大きく変わることが普通であり，同じ分類群を扱った解析でも研究者によってまったく異なる系統関係が導き出されていた。もうひとつは系統のトポロジーが示せても，分岐の時間は推測できないことであった。後で述べるように系統の分岐が大陸の分断に起因するのか長距離分散にともなうものか，分岐図のトポロジーのみから判断するのは非常に難しい。大陸の分断の時期と系統の分岐の時期の前後関係をはっきりさせることができれば，こうしたイベントの推定はより容易になる。形態形質による分岐図では，化石記録を駆使して分岐の時期を明らかにする試みが取られてきた。しかし化石記録は不完全な場合が多く，形態情報に基づく分岐図においては化石の存在するノードしか時間を決めることができない。こうした状況のなか，1980年代以降の分子系統解析の発展によって，より確からしい系統樹の構築が可能になった。さらには分子時計の概念を適用することにより，分岐の起こった時間を推測できるようにもなってきた。南半球の温帯域を中心に分布する植物に関しても，近年さまざまな分類群で分子情報を用いた系統解析が行われ，化石情報と組み合わせて生物地理学的な議論が進められている。本章では南半球の植物に関する分子系統解析の結果に基づく生物地理学的研究を紹介し，その現状と展望について概説する。

2. ゴンドワナ大陸の地史

ゴンドワナという言葉は，もともとインド南部の二畳紀から白亜紀の陸成層に与えられた名前で(Wadia, 1957)，インドの古代王国，ゴンド王国にちなむ。当初は南半球の大陸を統合した超大陸に対してはゴンドワナランドとい

う言葉で区別していたが，現在ではゴンドワナという呼び名で超大陸全体を示す場合が多い。ゴンドワナ大陸は古生代の初期から存在し，カンブリア紀からデボン紀にかけては，海によって現在の北半球の陸地と完全に隔てられた超大陸を形成していた。石炭紀の陸地の拡大により北半球の陸地とつながり，三畳紀まで巨大なパンゲア超大陸を形成する。ジュラ紀には南北半球の大陸の間にテーチス海が侵入し，南のゴンドワナ大陸と北のローラシア大陸に分断される。その後ゴンドワナ大陸は分裂を開始し，現在のような海洋によって遠く隔てられた大陸を形成することになる。

　ゴンドワナ大陸の分裂の過程に関しては現在でもいくつかの説があるが，一般的な知見をジオグラム geological area cladogram(geogram 地史分岐図)に示す(図2)。ジオグラムとは地史上で生じた地域間の関係を簡略化して示した分岐図である。ゴンドワナ大陸のジオグラムでは大陸の分裂の順番を示すことになるが，図2ではさらに分裂の時間を示すスケールをいれてある。ゴンドワナ大陸の分裂は約1.8億〜1.5億年前，西ゴンドワナ(南米-アフリカ)と東ゴンドワナ(南極-オセアニア-マダガスカル-インド)の間の分断から始まる(Scotese, 1997; McLoughlin, 2001)。西ゴンドワナの分裂は白亜紀の始めの約1.35億年前に南部から始まり，約1.1億年前に完全に分離する。南米の南端はその後も南極半島と連続的な陸塊を形成し，後々まで南極を経由してオーストラリアと連絡があったと考えられている。東ゴンドワナは最初の分

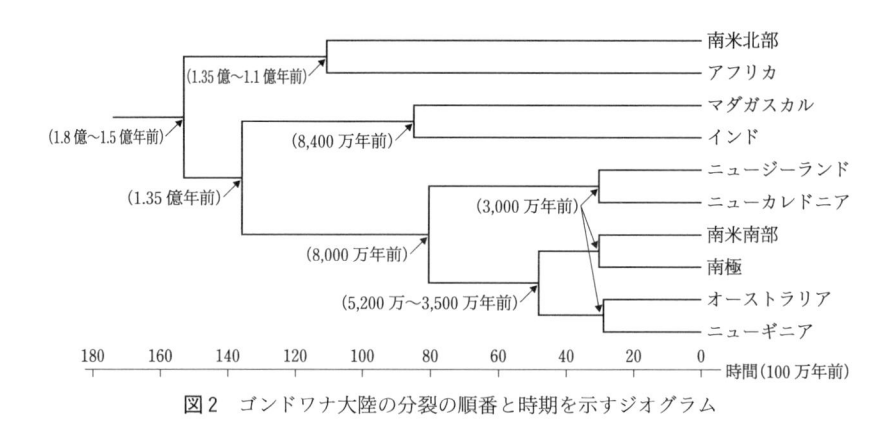

図2　ゴンドワナ大陸の分裂の順番と時期を示すジオグラム

裂から間もなく，マダガスカル-インド陸塊が分かれ始め，約1.35億年前には完全に南極-オセアニア陸塊と分断される。南極-オセアニア陸塊では約8,000万年前にニュージーランドとニューカレドニアが分離する。ニュージーランドとニューカレドニアはノーフォーク稜線を経由して連絡があり，約3,000万年前に分断される。東ゴンドワナの残りの部分は，約5,200万〜3,500万年前に南極とオーストラリアの間が分断される。ゴンドワナ大陸の分裂の最終段階は，南極と南米の分断およびオーストラリアとニューギニアの分断であり，約3,000万年前に起こったとされる。ただしこのジオグラムについては現在でも異論があり，特にゴンドワナ大陸の最初の分裂の際にインド-マダガスカルがアフリカ側に連絡していたとする説も，根強く支持されている(Sanmartin and Ronquist, 2004など)。

　ゴンドワナ植物やゴンドワナ植物相という言葉は，三畳紀から白亜紀にかけて南極を中心としたゴンドワナ地域に発展した，特徴的な植物分類群に与えられた名前である。ペルム紀のグロッソプテリス，三畳紀のディクロイディウムなどのグロッソプテリス類やコリストスペルム類は，ゴンドワナ固有かつ最も代表的な分類群である。三畳紀以降に針葉樹類やベネチテス類が，白亜紀以降に被子植物が登場するが，ジュラ紀以前のマキ科(針葉樹類)や白亜紀のナンキョクブナ科(被子植物)など，ゴンドワナ地域に限定して化石記録がある分類群もゴンドワナ植物といって差し支えない。マキ科やナンキョクブナ科をはじめ，中生代以降ゴンドワナ大陸に起源した植物のなかには，現在まで生き残って南半球を中心に隔離分布を示す場合が多い。このため，南半球の複数の大陸に隔離分布する現生分類群を，ゴンドワナ植物と呼ぶことも一般的になっている。

　オセアニアと南アメリカのフロラの類似性を考えた場合，分散の橋渡しとして南極大陸が深く関与していたことを想定しなければならない。南極大陸は非常に高緯度にあるため，現在ではほとんど氷に覆われ森林ができるような環境ではない。古生代にも南極を中心に巨大な氷床に覆われていたと考えられ，グロッソプテリスなどの古生代のゴンドワナ植物の化石は，氷床の縁に沿って分布していたことが示されている。しかし中生代から古第三紀にか

けて南極の氷床はほとんどなくなり，かなりの高緯度まで森林が発達していたと考えられている。特に南米と最後まで陸続きであった南極半島の周辺は，非常に多様性に富んだ木本植物の花粉や葉や材の化石が報告されている。白亜紀末から古第三紀にかけての材化石の記録を見ると，南アメリカ南部と南極の植物相に高い類似性を見ることができる(Nishida et al., 1989 およびその後のPool による南極の材化石の報告など)。これらの植物相を構成する分類群はナンキョクブナ科，クノニア科，アテロスペルマ科，フトモモ科，ヤマモガシ科などゴンドワナ植物のなかでも代表的なものを含み，ゴモルテガ科やエストキシコン科などチリに固有の科まで報告されている。この組成は現在のチリ南部の温帯の湿潤地域に発達するバルディビア多雨林 valdivian rain forest の植物組成にそっくりである。おそらく，白亜紀にはバルディビア多雨林のような多様性に富んだ森林が，南極に発達していたのであろう。その後のゴンドワナ大陸の分裂にともない，南極の気温は徐々に低下して行き，古第三紀後期から新第三紀には，南極に発達していた森林は，同じような組成を保ったまま南米大陸に移動してきたようである。南極と南米が分断されると，南極の周りを取り巻くように海流が流れるようになり，南半球の高緯度地域と低緯度地域の間の熱交換が大幅に低下した。その結果，南極は急速に冷え込み氷に覆われた。現在，南極大陸は南半球の生物を渡す橋ではなく，分散を阻む障壁となっている。

3. 分子系統に基づく分子系統地理学の手法

　ゴンドワナ植物の生物地理学的研究においては，各地域に分布する生物分類群の系統とゴンドワナ超大陸の分断との関連が注目される。特に隔離分布や系統の分岐の原因が分断によるものか長距離分散によるものか，常に対立する仮説として議論されている。分断生物地理学では，複数地域に隔離分布する分類群は，共通祖先がその分布域を統合した広大な大陸に分布し，その後の大陸の分断にともなって隔離されることにより系統の分岐が起こったことを想定している。この概念をわかりやすく説明するために，図 3(a) のよ

うな地史を持った3つの大陸 X, Y, Z のそれぞれに分布する分類群 A, B, C を想定する。図3(a)は, 3つの大陸がもともとひとつの巨大な大陸 XYZ を形成し, 最初に大陸 X が分断され, 残りの大陸 YZ が後に大陸 Y と Z に分かれたことを示す。この3つの大陸が結合した大陸 XYZ に分類群 A, B, C の共通祖先がいた場合, X 大陸の分断にともない X 大陸で分類群 A が分化し, YZ 大陸で分類群 B と C の共通祖先が分化する(図3b)。さらに大陸 Y と Z の分断にともなって B と C が分化する(図3b)。大陸の分断にともなって系統分岐が進むのであるから, 生物のクラドグラム(図3c)は大陸のジ

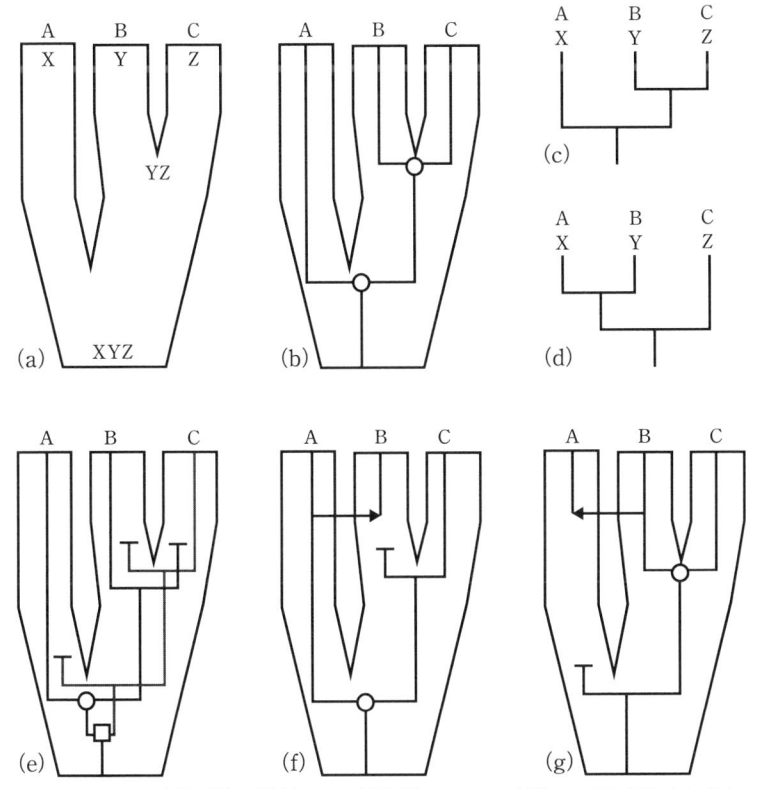

図3 大陸の分断と生物系統の関係を示す概念図。XYZ は大陸を, ABC はそれぞれの大陸に分布する生物分類群を表す。図中の○印は大陸の分断にともなう系統の分岐を, □印は同所的な系統の分岐を, ─印はその系統の絶滅を表す。

オグラムと一致することになる。大陸の分断のようなすべての生物に共通する大きな地史イベントがあった場合，多くの分類群で同じように分化する可能性が高いことは，想像に難くない。分岐生物地理学では生物のクラドグラムの各 OTU の地理分布に基づきエリアグラム (area cladogram, areaglam 地域分岐図，図 3 c, d のような分岐図) を作成し，さまざまな分類群のエリアグラムに共通点を見出して過去の分断イベントを推測する。

　一方，ジオグラムのトポロジーと異なるトポロジーのエリアグラムができた場合は，大陸分断後の分散や分断前の種分化を想定することになる。図 3(d) のように分類群 C が最初に分岐するような系統の分岐図が得られた場合，この分岐図から画かれるエリアグラムは大陸 Z が最初に分岐することになるため (図 3 d)，大陸のジオグラムのトポロジーと矛盾することになる。このような矛盾が生じた場合，系統の分岐を単純な大陸の分断によって説明することは不可能であり，さまざまな分断や分岐，さらに分散のイベントを想定する必要がある。大陸間の分散を想定しない場合 (図 3 e)，分類群 A と B の分岐が大陸 X と YZ の分断にともなうものでなければならない。分類群 C はそれより前に分断前の大陸 XYZ で起きた同所的系統分岐にともなう重複した系統の子孫ということになる。重複した系統は大陸の分断のたびにそれぞれ分岐するが，系統のソーティングによって図 3(d) に想定した分岐のトポロジーが再現される。一方大陸間の分散を想定した場合，系統の分岐の時期と大陸の分断の時期の前後関係によって，いくつかのパターンになる。分類群 C が大陸 X と YZ の分断にともなって分岐した場合 (図 3 f)，分類群 A と B の分岐は分類群 B の大陸 X から Y への分散にともなったものになる (図 3 f の矢印)。この場合，同時に分類群 C の姉妹系統のソーティングによる消滅が想定される。また，この分類群 A, B, C が大陸 YZ で分化した新しいもので，分類群 C の分岐が大陸 Y と Z の分断にともなったものであった場合は (図 3 g)，分類群 A は大陸 Y から X への分散にともなって分化したことになる (図 3 g の矢印)。大陸の分岐と種の分岐が一致しない場合，大陸の分断の時期と系統の分岐の時期の前後関係に応じて，「分断前の系統の重複」や「分散」に原因を求めることができる。このような関係は，種の系統と遺

伝子の系統が一致しない場合に「祖先多型の共有」と「遺伝子浸透」が原因として考えられることに非常によく似ている。また寄生生物と奇主との間にも同様の関係があることが指摘されている。

　系統の分岐図の各 OTU の地理分布に基づきエリアグラムをつくることは，簡単なようで実は非常に難しく，奥深い問題である。分岐図の OTU を単純に地域に置き換えた分岐図は TAC(Taxon area cladogram 分類群-地域分岐図) と呼ばれる。ひとつの分類群がひとつの地域にのみ分布し，かつひとつの地域にひとつの分類群のみが存在する場合には，TAC は地域間の関係を示すエリアグラムと一致する。図3の例で示したような，3大陸にそれぞれ1分類群が分布しているようなケースはこれにあてはまる。しかし，複数の地域にまたがる分類群がある場合や同所的に分布する分類群がある場合，そのまま OTU の分布域をあてはめたのでは複数の地域がひとつの OTU となったりひとつの地域が複数の OTU となって現れるため，TAC が単純にエリアグラムとはならない。複雑な TAC から単純化された地域間の関係を示すエリアグラムをつくる方法は，近年さまざまなものが提案されている。主なものだけでも，成分分析 component analysis (CA; Nelson and Platnick, 1981)，融和系統樹分析 reconciled tree analysis (RTA; Page, 1993)，系統樹地域表分析 taxon area statement analysis (TAS; Nelson and Ladinges, 1991)，分散分断分析 dispersal vicariance analysis (DIVA; Ronquist, 1997)，成分整合性分析 component compatibility analysis (CCA; Zandee and Roos, 1987)，ブルックス節約分析 brooks parsimony analysis (BPA; Brooks, 1981) などがあり，それぞれの方法の利点や欠点について議論が続けられている。

　分岐生物地理学では，同じような地域に分布する複数の分類群のエリアグラムに一致点を見出し，地域間の関係を明らかにすることを目的にしている。しかしゴンドワナ植物に関しては，地域間の関係がゴンドワナ大陸の分断の歴史としてあらかじめ決まっているため，エリアグラムの本来の機能は重要ではない。むしろ大陸の分断の歴史を示すジオグラムと生物の系統を示す分岐図の相違点を明確にするために使用される場合が多い。

　生物の分化と大陸分断の関連性や過去の時空分布を推測する歴史生物地理

学では，ゴンドワナ植物に限っていえばエリアグラムの構築は重要ではなく，系統の分岐図のOTUを分布地域に置き換えただけのTACから，直接各枝や分岐点の地域を推測してゴンドワナ大陸の分断との関連性を議論することが多い。系統の分岐図上に分布域を再配置する方法は，単純な最節約的配置が一般的である。この方法では地域の変化をひとつのコストと考え，分岐図のなかで地域の変化の数ができるだけ少ない最節約的な配置を選択する。分岐図の枝や分岐点は，未解決でない限りOTUの分布域のどれかが配置される。このため最節約配置の結果をそのまま判断すると，分岐図上の地域の変換点のすべては分散によるものと判断されてしまう。しかし関連の深い地域の分類群が近縁になった場合などには，過去の超大陸とその分断を絡めて議論することが多い。分布地域の最節約配置以外の方法もしばしば試みられている。ゴンドワナ植物の生物地理においては，融和系統樹分析や分散分断分析の手法を適用した例がある。融和系統樹分析の手法では，TACとジオグラムが一致しない場合，TACに絶滅した枝を追加して，かならずジオグラムのトポロジーと一致するような融和系統樹を作成する。分散を想定しない場合，この融和系統樹が系統の同所的重複や分断にともなう分化，あるいは特定の地域における絶滅を説明することになる。融和系統樹分析ではさらに系統の同所的重複や特定の地域における絶滅に対してコストを与え，著しくコストを高める分類群を分散による分化と考えて排除することもできる。通常は著しくコストを高める分類群を排除したうえで融和系統樹を作成し，同所的系統重複と分断による系統の分岐の骨組みを示し，排除された分類群については分散の元になった地域や分散の時期について別個に議論する。近年研究例が多くなってきた分散分断分析では，系統の同所的重複や特定の地域における絶滅に加え，分散に対してもコストを与え，コストが最小になるように各分岐点の地域を配置する。このとき分岐点の地域は末端のOTUが持つ地域ばかりではなく，地域の地史にあわせた統合された超大陸であってもよい。

　分子時計の手法の発展もまた，ゴンドワナ植物の系統地理の解析に進展をもたらしている。分子進化研究の初期において，分類群間のヘモグロビンの

アミノ酸置換数と化石から推定される分類群の分岐時間をプロットしたところほぼ直線的な相関を示したことから，分子時計の概念が発見された(Zucklandl and Pauling, 1962)。この概念はのちに中立説として発展し(Kimura and Ohta, 1971)，遺伝子ごとに一定の置換率で変異が蓄積することを前提に，分岐図の分岐点の時間を推定できるようになった。しかし，分子データの蓄積が進むと，遺伝子ごとに一定の置換率で変異が蓄積するという原則が多くの場合成り立たないことがわかり，塩基置換率や個体群の大きさや選択圧の変化によって分子進化のスピードが変化するという〝ほぼ中立説〟が提唱されることになる(Ohta, 2002)。分子進化速度が一定ではないことが明らかになってきたことにより，分岐図の分岐点の時間を決める方法も改良が加えられてきた。初期には Local molecular clock(Takezaki et al., 1995)のような分岐図の部分ごとに一定の進化速度を設定する方法が使われたが，近年はノンパラメトリック法(NPRS; Sanderson, 1997)，パラメトリック法(lognormal distribution: Thorne et al., 1998, compound poisson procces: Huelsenbeck et al., 2000)，ベイズ法をベースとしたパラメトリック法(Kishino et al., 2001; Drummond and Rambaut, 2007)，最尤法をベースとしたパラメトリックとノンパラメトリックを組み合わせた推定法(penalized likelihood: Sanderson, 2002)など，系統樹内で進化速度が断続的に変化することを前提とした，さまざまな手法が開発されている。

　ゴンドワナ植物の生物地理に関しては，分子情報に基づく系統関係をベースに，上に述べたような分断生物地理学のさまざまな手法や分子時計に基づく時間の情報，さらには化石分布の情報までをも駆使して，過去の分布の歴史や系統分化の要因となった事柄を推定しようと試みられている。以下にこうした研究の事例を紹介する。

4. ゴンドワナ植物の分子系統地理学的研究

ナンキョクブナ属 *Nothofagus*
ナンキョクブナ属はナンキョクブナ科 Nothofagaceae の唯一の構成属であ

り，およそ35種が南米南部，タスマニアを含むオーストラリアの東部温帯域，ニュージーランド，ニューギニアおよびニューカレドニアに分布する。いわゆるゴンドワナ植物の代表的分類群であり，また海を越えた種子の遠距離散布が困難であるとされてきたことから，ゴンドワナ大陸の分断に絡めた分布の拡大の観点からも注目されてきた。花粉の形態に対応した4亜属(ノトファグス亜属 Nothofagus，ブラソスポラ亜属 Brassospora，フスコスポラ亜属 Fuscospora，ロフォゾニア亜属 Lophozonia)に分類されるが，このうちノトファグス亜属は南米に，ブラソスポラ亜属はニューギニアおよびニューカレドニアに固有であり，フスコスポラ亜属とロフォゾニア亜属は南米とオセアニアの温帯域に隔離分布している。ナンキョクブナ属の起源と分布変遷については，その起源を南極周辺に求める南方起源説と，低緯度地域から北半球に求める北方起源説があった。ナンキョクブナ属はもともとブナ科に分類されており，複数枚の裂片からなる殻斗，1種子性の堅果，花柄の先端に複数の雄花をつける雄性花序，薄い腎臓形の子葉を持つ実生の形態など，ブナ属との共通点が多く指摘されていた。赤道付近で分化した共通祖先から北に分布を広げたのがブナ属で，南に分布を広げたのがナンキョクブナ属という考えが，北方起源説の根拠となっていた。しかし分子系統学的解析により，ブナ科は単系統群となるが，ナンキョクブナ属はブナ科の内群にならないのはもちろん，直近の姉妹群ともならないことがわかってきたことにより(Manos et al., 1993; Manos and Steele, 1997)，ナンキョクブナの北方起源説は根拠を失っている。

　分子系統学的手法によりナンキョクブナ属の系統解析を行った研究も，現在までにいくつか報告されている(図4；Manos, 1997; Martin and Dowd, 1993; Setoguchi et al., 1997)。これらは多少の解像度の違いはあるものの，ほぼ同じトポロジーを示している。結果は花粉タイプに対応する単系統群がそれぞれ認識され，menziessiiタイプの花粉を持つロフォゾニア亜属が最も基部で分岐し，fusca(a)タイプの花粉を持つフスコスポラ亜属が次に分岐し，末端でブラソスポラ亜属とノトファグス亜属が単系統になる。各単系統群と分布地域の関係を見てみると，ロフォゾニア亜属とフスコスポラ亜属は南米とオセアニアの温帯域に分布し，オセアニア地域に分布する種は単系統群を形成す

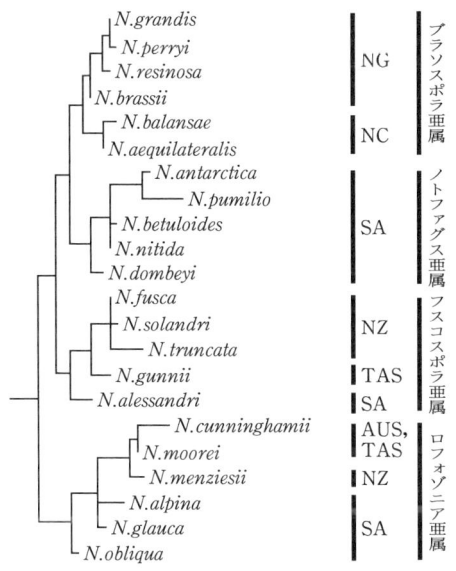

```
      ┌─ N.grandis
     ┌┤                    ┐
    ┌┤└─ N.perryi      │NG │ブ
   ┌┤└── N.resinosa    │   │ラ
  ┌┤└─── N.brassii     │   │ソ
 ┌┤│  ┌── N.balansae   │NC │ス
 ││└──┤                │   │ポ
 ││   └── N.aequilateralis │ラ亜属
 ││       ┌── N.antarctica ┐
 ││     ┌─┤               │ │ノ
 ││    ┌┤ └── N.pumilio   │ │ト
 │└────┤└──── N.betuloides│SA│フ
 │     ├───── N.nitida    │ │ァ
 │     └───── N.dombeyi   │ │グス亜属
─┤      ┌── N.fusca       ┐
 │    ┌─┤ ┌── N.solandri  │NZ│フ
 │   ┌┤ └─┤               │  │ス
 │  ┌┤└── └── N.truncata  │  │コ
 │ ┌┤└──── N.gunnii       │TAS│ス
 │ │└───── N.alessandri   │SA │ポラ亜属
 │ │      ┌── N.cunninghamii┐AUS,┐
 │ │    ┌─┤                 │TAS │ロ
 │ └────┤ ├── N.moorei      │    │フ
 │      │ └── N.menziesii   │NZ  │ォ
 │      ├──── N.alpina      │    │ゾ
 └──────┤                   │SA  │ニ
        ├──── N.glauca      │    │ア亜属
        └──── N.obliqua     ┘    ┘
```

図4 *rbcL* 遺伝子の塩基配列に基づくナンキョクブナ属（ナンキョクブナ科）の系統関係（Manos, 1997 を改変）と各種の分布．NG：ニューギニア，NC：ニューカレドニア，SA：南米，NZ：ニュージーランド，TAS：タスマニア，AUS：オーストラリア大陸

ることがわかる．ノトファグス亜属は南米に，ブラソスポラ亜属はニューギニアおよびニューカレドニアに固有の分類群である．しかし化石記録ではオセアニアにノトファグス亜属が分布していたことや，ブラソスポラ亜属が南米に分布していたことが明らかになっており，ロフォゾニア亜属やフスコスポラ亜属と同様に太平洋の東西に分断されていたことになる．最終的には南米でブラソスポラ亜属が絶滅し，オセアニアの温帯域でブラソスポラ亜属とノトファグス亜属が絶滅し，ブラソスポラ亜属の種がニューギニアとニューカレドニアに侵入して現在の地域に各亜属が分布することになったと考えられる（Manos, 1997）．

　フスコスポラ亜属とロフォゾニア亜属のそれぞれにおいて，オセアニアに分布する種が単系統群を形成することは，地理分布と一致するようにも見えるが，先に示した大陸のジオグラムとは矛盾する．南米とオーストラリアと

ニュージーランドは，最初にニュージーランドが分かれ，次に南米とオーストラリアが分断されたと推定されている。しかしオーストラリアに分布する分類群は，フスコスポラ亜属とロフォゾニア亜属のいずれにおいても南米に分布する分類群ではなく，ニュージーランドに分布する分類群と単系統群を形成している。スウェンソンらは融和系統樹分析の手法を用いて，この問題にアプローチしている（図5；Swenson et al., 2001）。スウェンソンらはナンキョクブナ属の種間の系統分岐図に基づくTAC（分類群-地域分岐図）のトポロジーが，ゴンドワナ大陸のジオグラムと完全に一致するように枝を加え，系統の同所的重複や絶滅のコストを計算した。次に融和系統樹のコストに大きな影響を与えている分類群を削除することにより減少するコストと増加するコストを計算し，コストが最小になるように削除する分類群を決定した。ここで削除された分類群はタスマニアに分布するフスコスポラ亜属の *N. gunnii* とニュージーランドに分布するロフォゾニア亜属の *N. menziesii* であった。この2種については分断よりも分散による分化が想定される。残りの分類群については分断による系統の分岐が最大になり全体のコストが最小になる融和系統樹を作成し，分断と分散の起きた系統樹上の位置を特定し，さらに化石分類群の情報を加え，ナンキョクブナの進化の歴史を示す分岐図を作成した（図5）。これによれば，ナンキョクブナ属全体の融和系統樹は，亜属に対応する4つのジオグラムのトポロジーを含むことがわかる。現生分類群のなかで，分断による系統の分岐はロフォゾニア亜属とフスコスポラ亜属とブラソスポラ亜属の基部近くの合計3回起こっている（図5の□の部分）。この融和系統樹において，それぞれの亜属のなかで現在分布している地域以外の場所で絶滅が起こっているが，絶滅したクレードの多くは過去に実際に分布していたことが化石記録によって示されている。そしてロフォゾニア亜属の *N. menziesii* はオーストラリアからニュージーランドへ，フスコスポラ亜属の *N. gunnii* はニュージーランドからオーストラリアに渡ったと推定されている（図5の矢印の部分）。ナップら（Knapp et al., 2005）は分子時計の手法を用いて，ニュージーランドのすべての分類群であるフスコスポラ亜属の3種とロフォゾニア亜属の1種が3,000万年前ごろに長距離散布によってオーストラ

地域	現生種名,または化石記録
NZ	始新世
NC	—
ANT	白亜紀
SA	*N.obliqua*
SA	*N.glauca*
SA	*N.alpina*
NG	—
AUS	*N.cunninghamii*
TAS	*N.cunninghamii*
AUS	*N.moorei*
TAS	漸新世
NZ	*N.solandri*
NZ	*N.fusca*
NZ	*N.truncata*
NC	—
ANT	白亜紀
SA	*N.alessandri*
NG	—
AUS	白亜紀
TAS	漸新世
NZ	白亜紀
NC	—
ANT	白亜紀
SA	*N.dombeyi*
SA	*N.pumilio*
SA	*N.antarctica*
SA	*N.betuloides*
SA	*N.nitida*
NG	—
AUS	暁新世
TAS	漸新世
NZ	始新世
NC	*N.codorandra*
NC	*N.discoidea*
NC	*N.balansae*
ANT	白亜紀
SA	白亜紀
NG	*N.resinosa*
NG	*N.brassii*
NG	*N.grandis*
NG	*N.perryi*
AUS	白亜紀
TAS	漸新世

フスコスポラ亜属

N.menziesii NZ
N.gunnii TAS

ロフォゾニア亜属

ノトファグス亜属

ブラソスポラ亜属

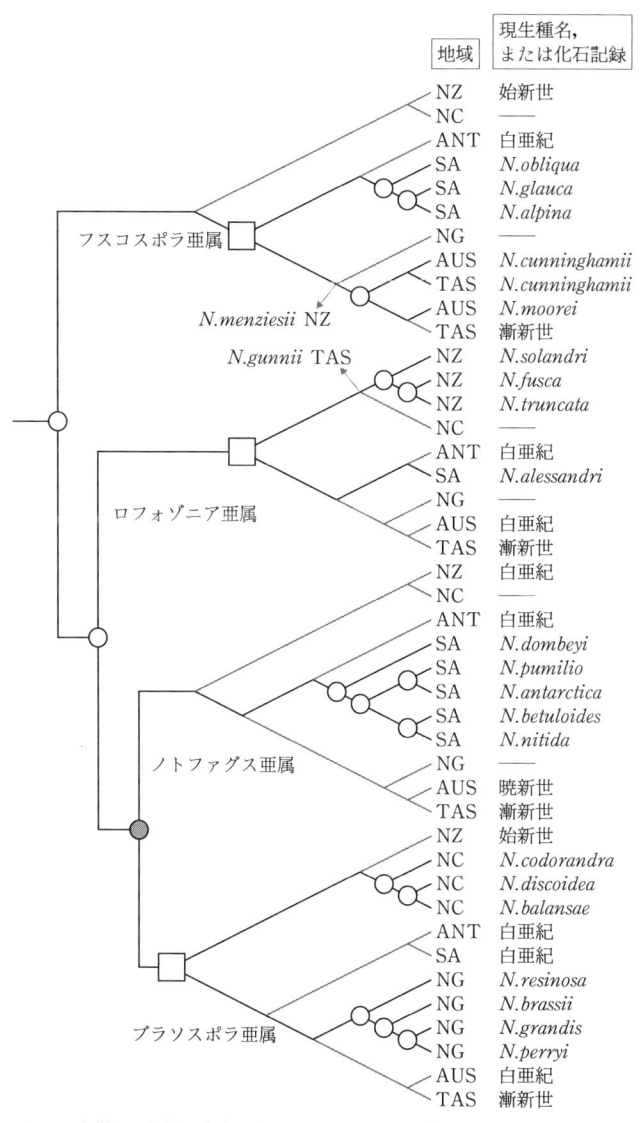

図5 ゴンドワナ大陸の分裂の歴史に基づくナンキョクブナ属の分化と地理的イベントの関係を示す系統樹(Swenson et al., 2001 を改変)。絶滅した系統のうち化石記録があるものは右端の列にその時代が示されている。図中の□印は大陸の分断にともなう系統の分岐を，○印は同所的な系統の分岐を，矢印は長距離分散を表す。網かけの○印は現生種のみを見ると大陸の分断にともなう分岐に見えるが，化石記録を含めると同所的な系統の分岐と考えられる。ANT：南極のほかは図4に同じ

リアから渡ってきたことを推測している。このふたつの研究はフスコスポラ亜属の分散の方向に違いがあるが，いずれもふたつの亜属でニュージーランド-オーストラリア間の長距離分散を想定している。

シキミモドキ科

　シキミモドキ科 Winteraceae は8属約65種が知られ，南米，オセアニア，東南アジアおよびマダガスカルに分布している。8属のうちブビア属 *Bubbia* とタスマニア属 *Tasmannia* は種数が多く広い分布域を持ち，前者がオーストラリア，ニューカレドニアからニューギニアを経て東南アジアに，後者がオーストラリアからニューギニアや東南アジアに分布するが，ほかの6属は比較的狭い地域に固有である。この6属のうちドリミス属 *Drimys* は中南米に，タクタヤニア属 *Takhtajania* はマダガスカルに，プセウドウィンテラ属 *Pseudowintera* はニュージーランドに，ほかの3属はニューカレドニアに固有である。このようなゴンドワナ大陸との関連を示唆する隔離分布に加え，無導管材やふたつ折れ心皮など被子植物としては原始的といわれる特徴を持つことから，古くから注目されていた分類群であり，多くの研究者によって研究されてきた。

　シキミモドキ科のすべての属を扱った分子系統解析の結果（図6；Karol et al., 2000），マダガスカルに分布するタクタヤニア属が最も基部で分岐することが示された。タクタヤニア属の次にはタスマニア属，ドリミス属，プセウドウィンテラ属，そしてブビア属の順に分岐する。ニューカレドニアを中心に分布する残りの3属は末端の単系統群を形成するが，この解析においてジゴギナム属 *Zygogynum* は単系統群ではなくエクソスペルマム属 *Exospermum* とベリオルム属 *Belliolum* を内部に含む。

　化石記録によれば，シキミモドキ科は白亜紀始めに北ゴンドワナの熱帯域で分化した可能性が高い（Doyle, 2000）。白亜紀の末期には北ゴンドワナの分布は消えて，南極半島とオーストラリアに分布を移動している。第三紀にはオーストラリアと南米に加えアフリカの南端からも化石記録がある。この化石記録に基づきドイルはシキミモドキ科がアフリカ東部に起源してマダガス

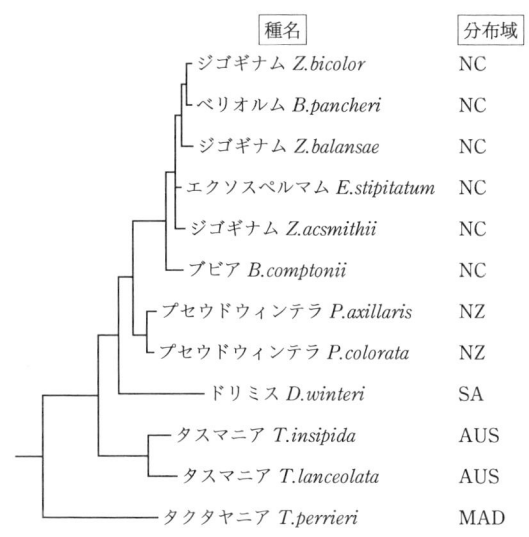

```
                  種名                        分布域
   ┌─ ジゴギナム Z.bicolor                     NC
   ├─ ベリオルム B.pancheri                    NC
   ├─ ジゴギナム Z.balansae                    NC
   ├─ エクソスペルマム E.stipitatum             NC
   ├─ ジゴギナム Z.acsmithii                   NC
   ├─ ブビア B.comptonii                       NC
   ├─ プセウドウィンテラ P.axillaris             NZ
   ├─ プセウドウィンテラ P.colorata              NZ
   ├─ ドリミス D.winteri                        SA
   ├─ タスマニア T.insipida                     AUS
   ├─ タスマニア T.lanceolata                   AUS
   └─ タクタヤニア T.perrieri                    MAD
```

図6 核のITSおよび5.8SリボソームDNAおよび葉緑体の*trnL-trnF*遺伝子領域の塩基配列に基づくシキミモドキ科の系統関係(Karol et al., 2000を改変)と各種の分布。NC：ニューカレドニア，SA：南米，NZ：ニュージーランド，AUS：オーストラリア，MAD：マダガスカル

カル経由でオセアニアに侵入したルートと，南米東部に起源して南極経由でオセアニアに侵入したルートを提唱している。フィールドらは，このふたつのルートについてより詳しく解説している(Feild et al., 2000)。ここではアフリカ起源説について詳しく紹介する。アフリカで起源したシキミモドキ科の祖先(図7の●印)は，まず最初にマダガスカルに渡りタクタヤニア属が分化する(図7の1)。次に南極大陸に渡り，そこでタスマニア属，ドリミス属，プセウドウィンテラ属，ブビア属の祖先が分化する(図7の2)。南極で分化した各属の祖先は現在の分布域に分布を広げる。ブビア属はオーストラリアを経由して(図7の3)，ニューカレドニアに分散し，ニューカレドニアにおいて多様な固有属が分化する。この説は現生分類群の分子系統樹の結果によく適合しており，南米起源説よりも説得力が高い。ただしこの説のなかでブビア属がオーストラリア経由でニューカレドニアに侵入したという解釈には検討の余地がある。この説はプセウドウィンテラ属のクレードとブビア属か

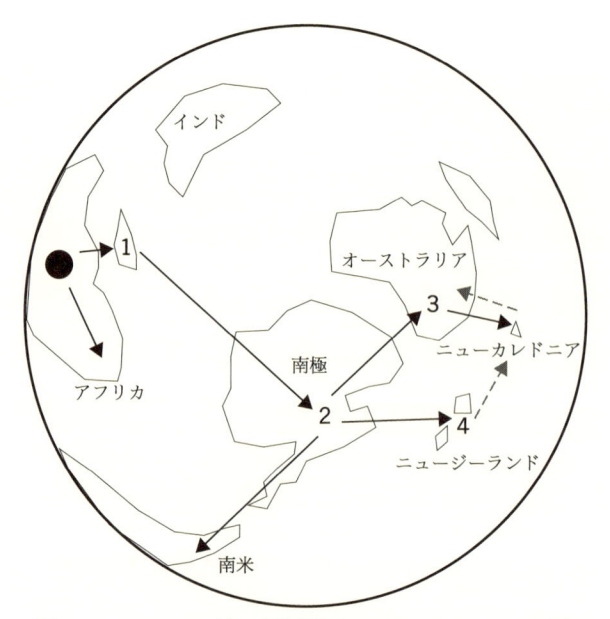

図7 シキミモドキ科の分散過程(Field et al., 2000 を改変)

らジゴギナム属を含む単系統群のクレードの分岐が，ニュージーランド-ニューカレドニア陸塊がオーストラリアから分断された時期よりも前であることを前提としている。しかし，この地域のジオグラムとあわせて考えると，これらのクレードの分岐が，ニュージーランドとニューカレドニアの分断にともなって起きたと考えることもできる。この仮定に従えば，ニュージーランド-ニューカレドニア陸塊の分断にともなってドリミス属とプセウドウィンテラ属-ブビア属クレードの分岐が起こり，ニューカレドニアの分類群はニュージーランドとニューカレドニアの分断にともなって分化したことになる(図7の4ならびに破線矢印)。さらにブビア属はニューカレドニアを経由して長距離分散によってオーストラリアから東南アジアに分布を広げたと考えられる。

アテロスペルマ科

アテロスペルマ科 Atherospermaceae は7属14種からなる小さな科で，

オーストラリアを中心にニューギニア，ニューカレドニア，ニュージーランドおよび南米南部に分布する。その分布域がゴンドワナ植物の代表とされるナンキョクブナとほぼ重なっているばかりでなく，アテロスペルマ科の種のほとんどがナンキョクブナ属の種と密接に共存している点で，非常に興味深い。7属のうちアテロスペルマ属 *Atherosperma*，ダフナンドラ属 *Daphnandra*，ドリオフォラ属 *Doryophora* はオーストラリア固有，ラウレリオプシス属 *Laureliopsis* は南米固有，ネムアロン属 *Nemuaron* はニューカレドニアに固有であるが，ドリアドダフネ属 *Doryadodaphne* はオーストラリアとニューギニアに，ラウレリア属 *Laurelia* はニュージーランドと南米のチリに隔離分布している。特にラウレリア属は形態的に非常によく似た種が太平洋の東西で隔離分布する点で興味深く，この2種が大陸の分断にともなって分化したものか，あるいは分散によって隔離分布を示すようになったのかが議論の的であった。この2種が大陸の分断にともなって分化した場合，両種の分岐はおよそ8,000万年前の白亜紀まで遡ることになる。しかしニュージーランドにおけるアテロスペルマ科の化石記録は比較的新しく，漸新世まで待たなければならない。一方分散による場合は，海洋を越える長距離種子散布を想定しなければならない。ラウレリオプシス属の分類についても問題がある。南米の南部に分布するラウレリオプシス属の唯一の構成種である *L. philippiana* はかつてはラウレリア属に分類されていたが，詳細な形態解析の結果，オーストラリアに分布するアテロスペルマ属と共通の形質が見出され独立の属にされるとともに，アテロスペルマ属とともにアテロスペルマ亜科に分類され，ラウレリア亜科に分類されるほかの属と区別されている。この分類が正しいとすれば，系統的に遠いふたつの属が南米に分布していることになる。

　アテロスペルマ科のすべての属について葉緑体上の6領域のDNA塩基配列に基づき系統解析を行った結果によれば(図8：Renner et al., 2000)，アテロスペルマ科はまずダフナンドラ属とドリオフォラ属からなる単系統群とそのほかの属からなる単系統群に分かれる。後者のなかではドリアドダフネ属が最初に分岐し，そのほかの属はアテロスペルマ属とネムアロン属からなる単系統群と，ラウレリア属とラウレリオプシス属からなる単系統群に分かれる。

```
                        属名                      分布域
          ┌─② ┌── ラウレリア L.novae-zelandiae    NZ
          │   └──── ラウレリオプシス              SA
        ┌─④ ────── ラウレリア L.sempervirens     SA
        │  │  ┌─── アテロスペルマ                AUS, TAS
      ┌─①  └─③
      │    │     └─ ネムアロン                   NC
      │    └──────── ドリアドダフネ              AUS
    ──┤
      │    ┌──────── ダフナンドラ                AUS
      └────┤
           └──────── ドリオフォラ                AUS
      ───────────── ゴモルテガ（外群）           SA
```

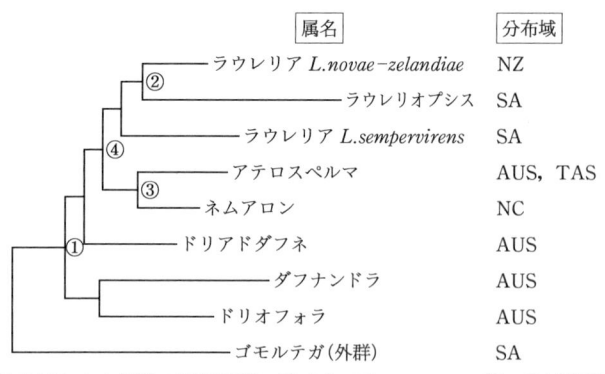

図8 葉緑体 DNA の 6 領域の塩基配列に基づくアテロスペルマ科の系統関係と各分類群の分布(Renner et al., 2000 を改変)。NZ：ニュージーランド，SA：南米，AUS：オーストラリア大陸，TAS：タスマニア，NC：ニューカレドニア

　アテロスペルマ属とラウレリオプシス属が単系統にならないこと，またそのどちらもアテロスペルマ科の最初に分岐していないことから，アテロスペルマ亜科の存続に関しては否定的な結果である。アテロスペルマ属の姉妹群になるのはニューカレドニアの固有属であるネムアロン属である。ラウレリオプシス属の姉妹群はかつて同属に分類されていたラウレリアであるが，事情はより複雑である。南米南部に分布するラウレリオプシス属とニュージランドに分布する *Laurelia novae-zelandiae* が単系統となり，南米チリに分布する *L. sempervirens* がその単系統群の姉妹群となる。

　アテロスペルマ科は，花粉化石によればおよそ 9,000 万年前まで遡ることができる(Renner et al., 2000)。分子分岐図上の最初のふたつの単系統群に分かれる部分の分岐①を 9,000 万年前と置いた場合，ラウレリア属とラウレリオプシス属の分岐②はおよそ 3,300 万年前，アテロスペルマ属とネムアロン属の分岐③はおよそ 2,500 万年前と計算される。これらの分岐年代はニュージーランド-ニューカレドニア陸塊がオーストラリアや南米から分断されたおよそ 8,000 万年前よりもはるかに新しく，南米からニュージーランドへあるいはオーストラリアからニューカレドニアへの長距離散布があったことを示す。逆にラウレリア属とラウレリオプシス属の分岐②がニュージーランド

の分断にともなって起きたと考えた場合，両者の分岐点は約 8,000 万年前となるが，アテロスペルマ科の最初の分岐①は約 2 億 2,000 万年前となる。この時間は一般に考えられている被子植物の起源よりも古いことになり，到底ありえないものである。これらのことからアテロスペルマ科は南米を中心とするラウレリア属とラウレリオプシス属が形成する単系統クレードの分化，すなわち分岐図上の④の分岐が，オーストラリアと南米の大陸の分断にともなうものであり，分断後の長距離種子散布によってラウレリア属がニュージーランドに，ネムアロン属がニューカレドニアに侵入したと考えるのが妥当なようである。

フトモモ科

　フトモモ科 Myrtaceae は約 130 属 4,000 種に達する巨大なグループで，そのほとんどはオセアニア-東南アジアと中南米を中心に分布しているが，わずかな分類群はアフリカ，東アジア，地中海沿岸域に分布を広げている。フトモモ科は乾燥した果実をつくるネズモドキ亜科 Leptospermoideae と，肉質の果実をつくるギンバイカ亜科 Myrtoideae のふたつに大別される。ネズモドキ亜科の多様性の中心はオセアニア-アジア地域であり，それ以外の地域には中南米とアフリカにそれぞれ 1 属が分布しているのみである。ギンバイカ亜科の多様性の中心は中南米であるが，オセアニア-アジア地域にもある程度の多様性がある。それ以外の地域ではアフリカに 2 属と地中海地域に 1 属が分布するのみである。フトモモ科全体を扱った分子系統解析に関しては，葉緑体の *matK* 遺伝子を用いたものや(Wilson et al., 2001)，*matK* と *ndhF* を用いた研究(Sytsma et al., 2004)があるが，科内の系統関係にコンセンサスは得られていない。ここでは *matK* と *ndhF* の塩基配列に基づき，系統解析と生物地理学的議論を行っているシツマらの研究を紹介する(図 9)。

　フトモモ科のふたつの亜科のうちネズモドキ亜科は，ギンバイカ亜科の分類群を内部に持つ側系統群になる。一方ギンバイカ亜科はギンバイカグループ，フトモモグループならびにオスボルニア属 *Osbornia* が，それぞれネズモドキ亜科の内部の別の場所で分岐しており，多系統群となる。この分岐関

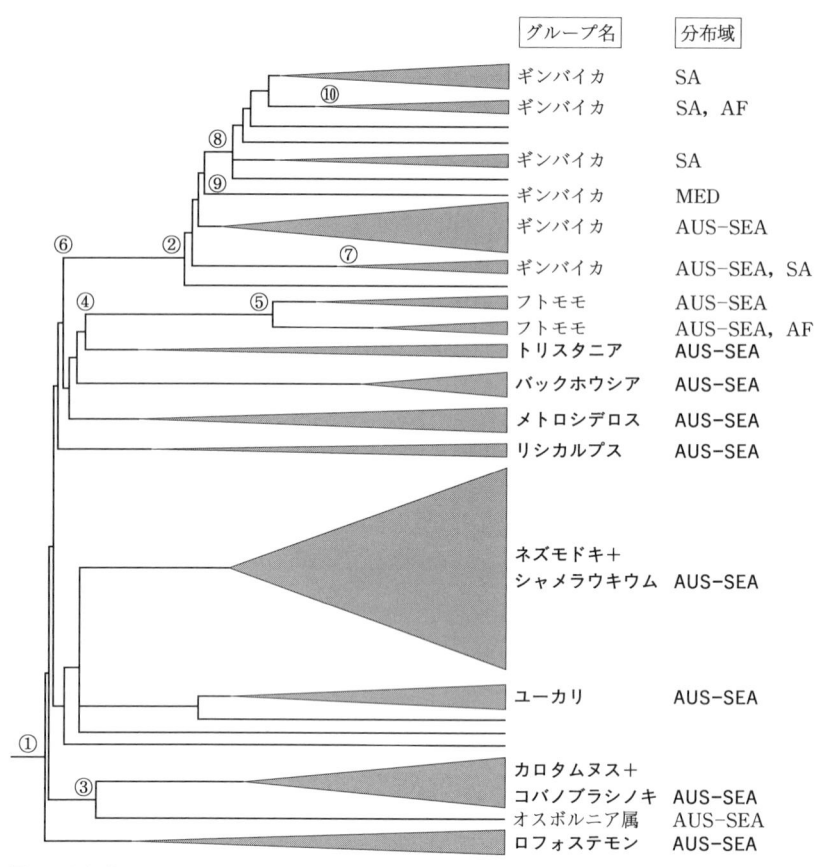

図9 葉緑体の *matK* および *ndhF* の塩基配列に基づくフトモモ科の系統関係と各単系統群の分布(Sytsma et al., 2004 を改変)。系統樹は Penalized likelihood 法により枝の長さが時間を示すように調整してある。グループ名が細字のものはギンバイカ亜科，太字のものはネズモドキ亜科であることを示す。SA：南米，AF：アフリカ，MED：地中海，AUS：オーストラリア，SEA：東南アジア地域

係に基づき，分子時計の基準点として化石記録からフトモモ科の基部(①)を8,600万年前，ギンバイカグループの基部(②)を5,600万年前と置いて，生物地理学的議論を行っている。

この分岐図上に分布域を最節約的に再配置した結果，科の基部の分岐(①)はオセアニア-アジア地域になったことから，フトモモ科はこの地域で起源

したと考えられる。ギンバイカ亜科のオスボルニア属は同じオセアニア-アジア地域に分布するネズモドキ亜科のカロタムヌス＋コバノブラシノキグループと単系統群を形成し，科内の比較的基部に位置する。両者の分岐(③)はおよそ6,500万年前付近の白亜紀と古第三紀の境界付近である。フトモモグループはオセアニア-アジア地域に分布するアクメナ属 *Acmena* とアフリカにも分布するフトモモ属 *Syzygium* を含むが，基部のあたりの信頼性は非常に低いものの，オセアニア-アジア地域に分布するネズモドキ亜科のトリスタニアグループ，バックホウシアグループおよびメトロシデロスグループと単系統群を形成する。フトモモグループがほかのグループと分岐した年代はおよそ7,000万年前であり(④)，白亜紀の末ぐらいになる。フトモモグループ内のアクメナ属とフトモモ属の分岐(⑤)はおよそ4,000万年前あたりであるが，この時間はオセアニアとアフリカの分断よりもはるかに新しい。このことからフトモモ属は分化後にオセアニア-アジア地域からアフリカへの長距離分散を行ったと考えられる。

　ギンバイカ亜科の3つのグループのうちギンバイカグループが最大で，科内の末端のクレードを形成する。ギンバイカグループは，ネズモドキ亜科を中心とした姉妹群からおよそ7,700万年前に分岐して(⑥)，5,600万年前あたりから急速に多様化を進める(②)。ギンバイカグループの基部のクレードはオセアニア-アジア地域であり，初めはこの地域で分化したことを示す。そしてオセアニア-アジア地域を基点に南アメリカへの移動が2回(⑦⑧)，地中海地域への移動が1回(⑨)あったことが示されている。南米の分類群はデカスペルム属 *Decasperum* と単系統になるフェイジョア属 *Feijoa* を除けば(⑦)，ギンバイカ亜科の主要な分類群で構成される大きな単系統群としてまとめられる(⑧)。デカスペルム属とフェイジョア属の分岐はおよそ3,000万年前となるが(⑦)，この時期までにすでにオーストラリアと南極大陸の分断が進んでおり，両者の系統の分岐の原因を大陸の分断に求めるのは難しい。フェイジョア属は長距離分散により南米へ分布を広げたと考えるのが妥当である。南米のギンバイカ亜科の主要な分類群で構成される単系統群とオセアニア-アジア地域の分類群との分岐はおよそ5,400万年前である。この時間

はオーストラリアと南極大陸の分断の時期と対応しており，この単系統群が大陸の分断にともなって分岐したことを示す。この単系統群の姉妹群となる，唯一地中海地方に分布する属であるギンバイカ属 *Myrtus* は，南米のギンバイカグループの分岐とほぼ時を同じくして地中海に渡ったと考えられる(⑨)。おそらくは南米経由ということになるが詳細なルートは想像すらできていない。南米のギンバイカグループの単系統群の内部で，アフリカに分布するエウゲニア属 *Eugenia* と南米のヘクサクラミス属 *Hexachlamys* が単系統群を形成する(⑩)。両者の分岐はおよそ 3,500 万年前であり，エウゲニア属がアフリカへの分散にともなって分化したことを示す。

ヤマモガシ科

ヤマモガシ科 Proteaceae は 79 属 1,700 種ほどに達する大きな科で，オセアニアを中心に東南アジアから東アジア，南米，アフリカに分布する。その分布域は地中海地域に分布しないことを除けばフトモモ科の分布域とほぼ重なっている。多様性の中心がオセアニア地域である点もフトモモ科のパターンによく似ている。ヤマモガシ科は細長い花序をつくる四数性の花が特徴で，ひとつの苞に対してひとつかふたつの花をつける。古くはひとつの苞に対してひとつの花をつけるプロテア亜科 Proteoideae とふたつの花をつけるグレヴィレア亜科 Grevilleoideae の 2 亜科に大別されていたが，近年はプロテア亜科のなかの特徴的な分類群を別の亜科に分離して合計 7 亜科が認識されている。

葉緑体の *atpB* と *atpB-rbcL* 遺伝子間領域に基づいたヤマモガシ科全体にわたる分子系統解析によれば(図10；Douglas and Hoot, 1998)，信頼性は低いもののベレンデナ亜科 Belledenoideae が最も基部で分岐し，次にペルソオニア亜科 Persoonioideae が分岐する。残りの分類群は大きくふたつの単系統群に分かれる。ひとつはプロテア亜科を中心にする単系統群で，内部にエイドテア亜科 Eidotheoideae を含む。もう一方はグレヴィレア亜科を中心とした単系統群で，内部にカルナルボニア亜科 Carnavonioideae とスファルミウム亜科 Sphalminoideae を含む。グレヴィレア亜科を除くほかのすべての亜科はひ

第2章 南半球分布型植物の分子系統地理 105

| 亜科名 | 分布域 |

- ベレンデナ亜科　　　AUS-SEA
- ペルソオニア亜科　　AUS-SEA
- プロテア亜科　　　　AUS-SEA
- エイドテア亜科　　　AUS-SEA
- プロテア亜科　　　　AUS-SEA
- ① プロテア亜科　　　AUS-SEA, AF
- ② グレヴィレア亜科　AUS-SEA, SA
- ③ グレヴィレア亜科　AUS-SEA, SA, AF
- ④ グレヴィレア亜科　AUS-SEA, SA
- カルナルボニア亜科　AUS-SEA
- スファルミウム亜科　AUS-SEA
- ⑤ グレヴィレア亜科　AUS-SEA, SA
- ⑥ グレヴィレア亜科　AUS-SEA, SA

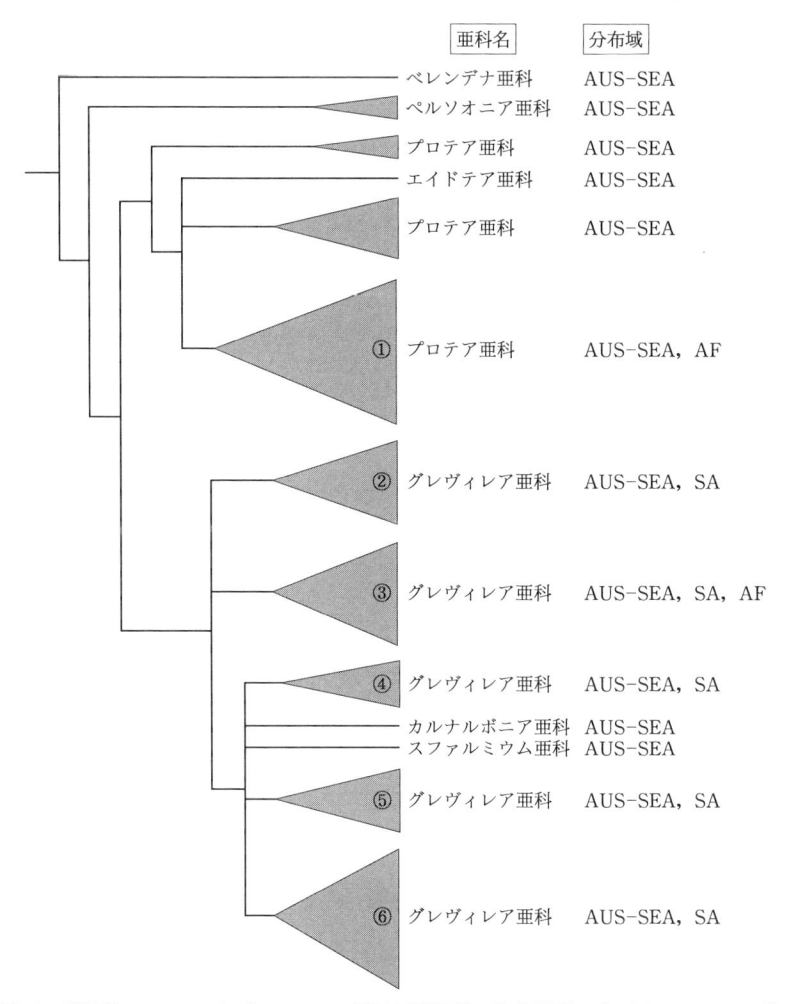

図10　葉緑体の *atpB* および *atpB-rbcL* 遺伝子間領域の塩基配列に基づくヤマモガシ科の系統関係と各単系統群の分布(Douglas and Hoot, 1998を改変)。AUS：オーストラリア，SEA：東南アジア地域，SA：南米，AF：アフリカ

とつの苞に対してひとつの花しかつけない。ヤマモガシ科の共有原始形質は花がひとつであり，グレヴィレア亜科を中心に形成される単系統群の基部で一度だけ花がふたつになるという共有派生形質を獲得したものと思われる。カルナルボニア亜科とスファルミウム亜科のひとつの苞に対してひとつの花しかつけない特徴は，おそらくは二次的に花の数を減らした結果であると思われる。

末端のOTUの地理分布を見てみると，ほとんどの分類群はオセアニア-アジア地域に分布するが，ところどころにアフリカや南アメリカに分布する分類群が散在する。アフリカや南米に分布する分類群の姉妹群はオセアニア-アジア地域の分類群になる場合がほとんどであり，同じような分散をともなった系統の分岐が複数回並行的に起こっていることを示す。アフリカの分類群同士が単系統になるのはリューコデンドロン属 *Leucodenndron* とプロテア属 *Protea* の組み合わせのみであるが(①の単系統群内)，この2属の姉妹群はオーストラリア固有属のアデナントス属 *Adenanthos* である。一方，南米に分布する分類群同士の組み合わせはユープラサ属 *Euplassa* とゲビナ属 *Gevuina* の単系統群であるが(③の単系統群内)，これも姉妹群のカルドウェリア属 *Cardwellia* はオーストラリアに分布するうえ，ゲビナ属自体が南米に加えオセアニアに分布している。オセアニアと南米に隔離分布する属はゲビナ属のほかにロマティア属 *Lomatia* とオリテス属 *Orites* があるが，この解析では一方の地域の種しか扱っていないため，属内の遺伝的分化がどのくらいあるかは明らかになっていない。特殊なものとしてアフリカのブラベジュム属 *Brabejum* と南米のブラジルのパノプシス属 *Panopsis* が単系統になり，その姉妹群にオーストラリアのマカダミア属 *Macadamia* がくるケースがある(③の単系統群内)。

ヤマモガシ科の分子系統解析を行ったダグラスらは，並行的に何回もオセアニアと南米(②③④⑤⑥の単系統群内)あるいはオセアニアとアフリカ(①③の単系統群内)の分類群の系統の分岐が起きていることから，ヤマモガシ科の主要な系統の分化はゴンドワナ大陸の分裂の前か，分裂にともなって起きたと結論づけている。この結論は分子時計などの検討に基づくものではなく，単純

に分岐関係からひとつの可能性を示したものである。ヤマモガシ科やこの科の姉妹群であるプラタナス科の化石記録から考えると，ヤマモガシ科の主要なクレードは白亜紀中期には分かれていたという。これはオセアニアと南米の分類群の分岐が大陸の分断に起因したと考えるには十分であるが，アフリカの分類群が分断によって分化したと考えるには新しすぎるように感じる。また南米とオセアニアに隔離分布する属が，分断によって種分化したと結論づけるのに十分な遺伝的分化を持っているかどうか検討する必要もある。ヤマモガシ科のアフリカと南米の分類群の分化の要因が分断か分散か決めるためには，分子時計を用いた科全体のクレードの分岐時間の推定や，複数地域に隔離分布するクレードのより多くの種を用いた詳細な系統解析を行うことが望まれる。

グンネラ属

グンネラ属 *Gunnera*（グンネラ科 Gunneraceae）は真正双子葉類の基部に位置する独立性の高い分類群で，中南米と，メキシコ以南の北米大陸，アフリカ，タスマニア，ニュージーランド，東南アジア，ハワイに分布する。北半球の熱帯域にまで分布を広げているが種数は多くはなく，多様性の中心は南半球にあることから，ゴンドワナ大陸と関連が深い分類群と考えられてきた。グンネラ属には40種を超える種が知られ，6亜属に分類されている。ほとんどの亜属はほかの亜属と隔離されているが，南米のアンデス山脈沿いの地域においてミサンドラ亜属 *Misandra* とパンケ亜属 *Panke* が同所的に存在している。ワントロップらはグンネラ属のすべての亜属の種を材料に，分子情報と形態情報を用いて系統解析を行い，系統地理学的解析を行っている（Wanntrop and Wanntrop, 2003）。系統解析の結果は南米の東部に分布するオステニグンネラ亜属 *Ostenigunnera* の *G. herteri* が最初に，アフリカに分布するグンネラ亜属 *Gunnera* の *G. perpensa* が次に分岐し，残りのすべての種は大きくふたつのクレードに分かれることが示された（図11）。ふたつのクレードのひとつはプセウドグンネラ亜属 *Pseudogunnera* とミリガニア亜属 *Milligania* の種でありオセアニアから東南アジアに分布する。もうひとつはミサンドラ亜

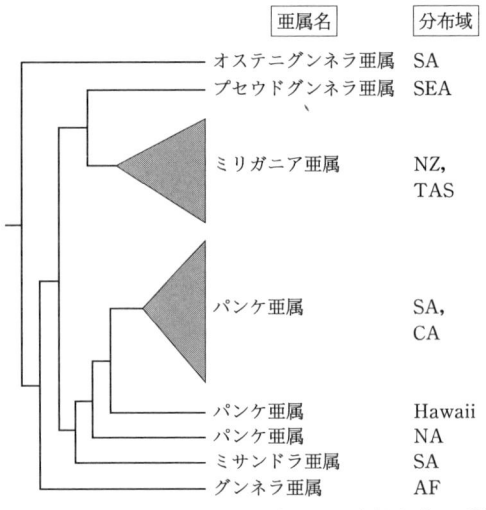

```
            ┌─────── オステニグンネラ亜属   SA
            ├─────── プセウドグンネラ亜属   SEA
            │
            ├────◁   ミリガニア亜属       NZ,
            │                            TAS
            │
            ├────◁   パンケ亜属          SA,
            │                            CA
            │
            ├─────── パンケ亜属          Hawaii
            ├─────── パンケ亜属          NA
            ├─────── ミサンドラ亜属       SA
            └─────── グンネラ亜属         AF
```

図11 *rbcL*，*rps16* イントロンおよび *ITS* の塩基配列と形態情報に基づくグンネラ属の系統関係と各亜属の分布(Wanntrop and Wanntrop, 2003 を改変)。SA：南米，SEA：東南アジア地域，NZ：ニュージーランド，TAS：タスマニア，CA：中央アメリカ，NA：北アメリカ，AF：アフリカ

属とパンケ亜属の種で構成され，南米のアンデス山脈沿いから北米の南部にかけて分布する。

ワントロップらはこの分岐図の枝上に分布域を最節約的に再配置し，グンネラ属の分化過程と分散の歴史について考察を行っている(図11, 12)。グンネラ属の最も近い姉妹群であるミロサマス属 *Myrothamnus* がアフリカに分布することから，グンネラのクレードの根元はアフリカになり，アフリカからオステニグンネラ亜属クレードで南米に，プセウドグンネラ亜属-ミリガニア亜属クレードの基部でオセアニア-東南アジアに，ミサンドラ亜属-パンケ亜属クレードの基部で南米に分散したことが推定される。化石記録をあわせて考えるとこれらの分散はアフリカ大陸の分断があまり進んでいない時代であったと考えられる。このうちオステニグンネラ亜属クレードは，アフリカから直接南米に侵入したらしいが，ほかの4亜属はその共通祖先が南極に渡り，南極からオセアニアへプセウドグンネラ亜属-ミリガニア亜属の共通祖

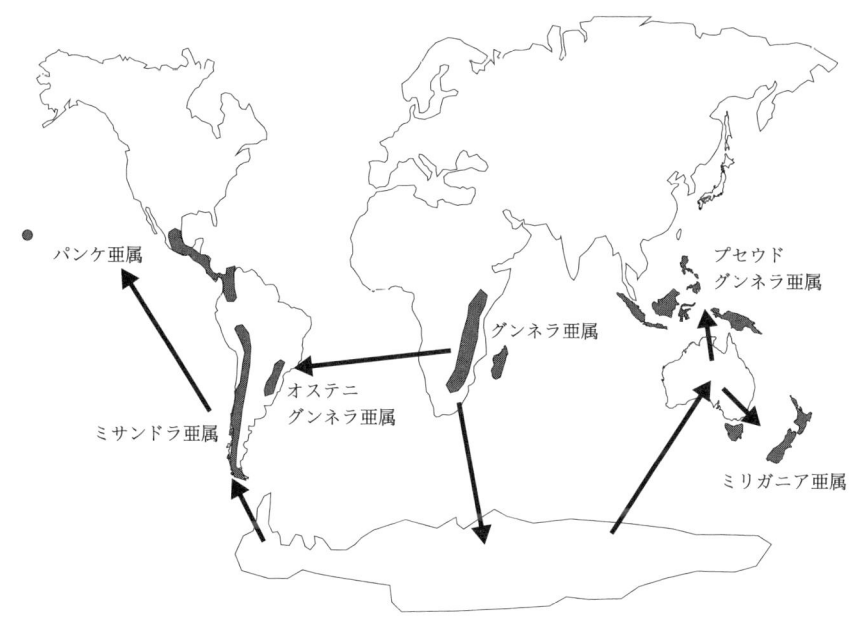

図12　グンネラ属の分散過程（Wanntrop and Wanntrop, 2003 を改変）。

先が，南極から南米へミサンドラ亜属-パンケ亜属の共通祖先が侵入したと推定される．オーストラリアとニュージーランドの分断にともなってプセウドグンネラ亜属とミリガニア亜属の分化が起きたが，プセウドグンネラ亜属はニューギニアに侵入した後にオーストラリアで絶滅し，ミリガニア亜属はニュージーランドで多様に分化した後に長距離散布によってタスマニアに渡った．一方，南米に侵入したミサンドラ亜属-パンケ亜属の共通祖先からは，南米でミサンドラ亜属が分化し，長距離散布によって北米に渡った祖先からパンケ亜属が分化し，南に分布を広げたとしている．パンケ亜属の起源が北米にあったことは分岐図のトポロジーからは一義的に決めることはできないが，ワントロップらは北米の白亜紀末にすでにグンネラ属の化石が知られていることからパンケ亜属の北米起源を唱えている．さらにパンケ亜属の中南米の種のDNAの分化が小さいことから，パナマ地峡の形成後に中南米に分布を広げたと考えている．

バオバブ属

　バオバブ属 *Adansonia*（アオイ科 Malvaceae）は少なくとも 8 種が知られる小さな属で，オーストラリア北部に 1 種，アフリカ大陸東部に 1 種，そしてマダガスカルにはアフリカ大陸と共通種を含め 7〜8 種が分布する。マダガスカルが多様性の中心であることから，しばしばバオバブ属の起源地と考えられることがあり，オーストラリアのギッボサバオバブ *A. gibbosa* が長距離散布によってもたらされたと考えられてきた（Armstrong, 1983）。またその分布域がゴンドワナ大陸の領域であることから，バオバブ属の分布の起源をゴンドワナ大陸の分断に求める意見もある。

　バオバブ属については葉緑体の *rpl16* 遺伝子と核の ITS 領域に基づく系統解析と生物地理学的解析が行われている（Baum et al., 1998）。葉緑体遺伝子に基づく分岐図と核遺伝子に基づく分岐図のトポロジーが一致しないが，葉緑体遺伝子に遺伝子浸透の影響が見られることから，核の ITS 領域に基づく分岐図を基準に議論を行っている（図 13）。バオバブ属のなかで最初に分岐するのはオーストラリアに分布するギッボサバオバブで，次にアフリカ大陸ならびにマダガスカルに分布するディジタータバオバブ *A. digitata* が分岐する。マダガスカルの分類群は全種がまとまってひとつの単系統群を形成する。

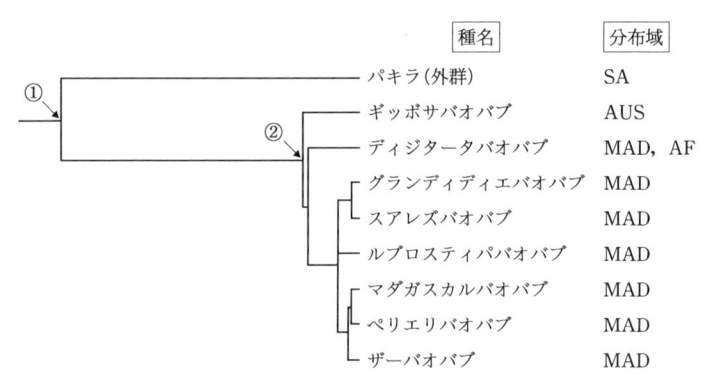

種名	分布域
パキラ（外群）	SA
ギッボサバオバブ	AUS
ディジタータバオバブ	MAD, AF
グランディディエバオバブ	MAD
スアレズバオバブ	MAD
ルブロスティパバオバブ	MAD
マダガスカルバオバブ	MAD
ペリエリバオバブ	MAD
ザーバオバブ	MAD

図 13　核の ITS 領域に基づくバオバブ属（アオイ科）の系統関係と各種の分布（Baum et al., 1998 を改変）。系統樹は分子時計を仮定して枝の長さが時間を示すように調整してある。SA：南米，AUS：オーストラリア，MAD：マダガスカル，AF：アフリカ

しかもマダガスカル固有の6種の遺伝的分化は非常に小さい。このことから従来バオバブ属の起源地とされたマダガスカルは，派生的な分布域であることが明らかにされた。

　この解析で用いられた姉妹群であるパキラ属 *Pachira* との間の遺伝的分化は非常に進んでおりバオバブ属内の最初の分岐時間よりも5倍ほど早く分岐した計算になる。オーストラリアとマダガスカルあるいはアフリカの分断はおよそ1億3,500万年まで遡ることができるので，バオバブ属の最初の分岐（図13の②），すなわちオーストラリアとアフリカ-マダガスカルの分岐が大陸の分断に起因すると仮定すると，およそ1億3,500万年と置かなければならない。多少すくなく見積もってバオバブ属の最初の分岐を1億年前と置いた場合，姉妹群のパキラ属との分岐（図13の①）は5億年より前になるという。これは到底ありえない数字であり，バオバブ属の最初の分岐の要因を大陸の分断に求めることは適切でない。

　一方，化石記録の情報を基にバオバブ属とパキラ属の分岐（図13の①）の年代を最大で9,000万年前と置くことができる。この仮定の基において，バオバブ属の最初の分岐（図13の②）はおよそ1,700万年前になる。この時代の陸地の分布は現在とほとんど変わらないので，バオバブ属はアフリカ大陸とマダガスカルの間ばかりでなく，オーストラリアとアフリカの間の超長距離散布を想定しなければならない。多少の誤差があるにせよ，バオバブ属の種分化は大陸の分断後に起こったと考えられ，オーストラリアとアフリカ-マダガスカル，さらにアフリカとマダガスカルの間での分散を想定する必要がある。

ナンヨウスギ科

　ナンヨウスギ科 Araucariaceae はナンヨウスギ属 *Araucaria*，ナンヨウナギ属 *Agathis*，ウォレミア属 *Wollemia* の3属35種ほどが知られ，南米，オーストラリア，ニューギニア，ニューカレドニア，ニュージーランド，東南アジアに分布する。このうちナンヨウスギ属は南米，オーストラリア，ニューギニア，ニューカレドニアに分布し，太平洋を挟んだ隔離分布を示す。ナンヨ

ウナギ属はオーストラリア，ニューギニア，ニューカレドニア周辺の島々，ニュージーランド，東南アジアに分布する。ウォレミア属は1995年にオーストラリアのシドニー近郊のウォレミ国立公園で発見された新しい分類群で，公園内の2か所の自生地に100個体弱しか存在していない。ナンヨウスギ科の多様性の中心はニューカレドニアであり，ナンヨウスギ属の13種，ナンヨウナギ属の5種が集中している。

　ナンヨウスギ科の化石記録はいわゆるゴンドワナ植物としては特殊である。特にナンヨウスギ属の化石は，三畳紀から白亜紀にかけてゴンドワナ大陸を形成した南半球のみならず，北半球にまで広く分布していたことが知られている。ナンヨウスギ属はユータクタ節，ナンヨウスギ節，インターメディア節，ブンヤ節の4つの現生節に分類される。内部構造の保存された化石について解剖学的に詳しく調査した結果，ニューカレドニアを中心に分布するユータクタ節に近いと考えられていた球果化石がまったく別の特徴を持った植物であることがわかり，新しい節に組み入れられたのをはじめ(Ohsawa et al., 1995)，従来オーストラリアに分布するブンヤ節に近いとされてきた球果化石についても異なった特徴があり，類縁の再検討を要することが指摘されている。こうしたことから中生代のナンヨウスギ科の化石に関しては，詳細に検討し，確実に現生の4つの節と関係のある化石記録を抽出して，生物地理学的検討の資料とする必要がある。今まで確認されている範囲では，現生の4つの節に属する化石はゴンドワナを中心に分布しており，大陸の分断と系統の分岐に関係がある可能性を示している。

　ナンヨウスギ属の全種を含む29種を材料に葉緑体の *rbcL* 遺伝子の塩基配列に基づいて構築された分岐図によれば(図14；Setoguchi et al., 1997)，ナンヨウスギ属とナンヨウナギ属が単系統群を形成し，ウォレミア属が最も基部で分岐する。ナンヨウナギ属の属内の系統関係ではニューカレドニアに分布する種が単系統になること，大型の葉を持つ種と小型の葉を持つ種がそれぞれ単系統になることが示された。ギブニッシュらは，この分岐図を基に分布域の再配置を行ったが，ナンヨウナギ属に関しては3つの単系統群が3分岐となって相互の関係がわからないことに加え，いくつかの主要な種が抜けて

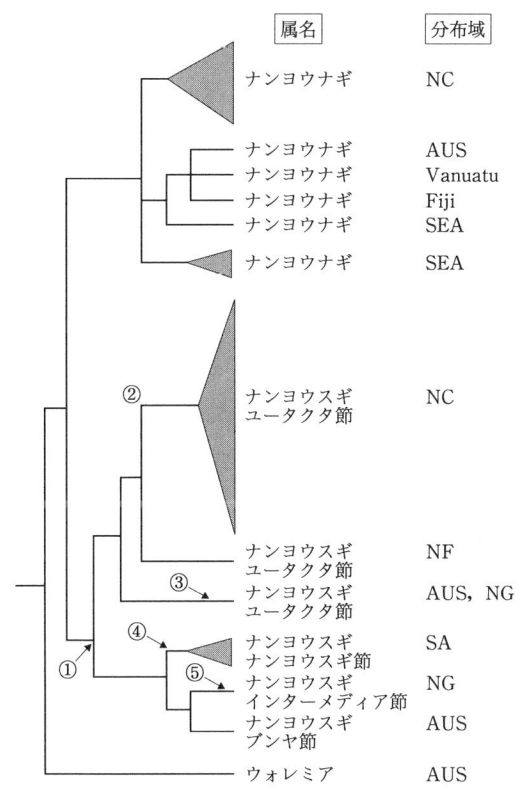

図14 rbcL遺伝子の塩基配列に基づくナンヨウスギ科の系統関係と各単系統群の分布(Setoguchi et al., 1997を改変)。NC：ニューカレドニア，AUS：オーストラリア大陸，SEA：東南アジア地域，NF：ノーフォーク島，NG：ニューギニア，SA：南米

いるため，ナンヨウナギ属がどこで起源したか特定することはできなかった(Givnish & Renner, 2004)。一方ナンヨウスギ属では大きくふたつの単系統群が認識された。ひとつはユータクタ節がまとまる単系統群で，最初にオーストラリアとニューギニアに分布する *A. cunninghamii* が分岐し，次にノーフォーク島の *A. heterophylla* が分岐する。ユータクタ節のそのほかの種はすべてニューカレドニアに分布し，単系統群としてまとめられる。驚くべきはニューカレドニアの13種の均質性であり，ほとんどの種で rbcL 遺伝子の塩基配列が一致し，ほかの種も数塩基の違いしかなかった。もうひとつの

単系統群はナンヨウスギ節，インターメディア節およびブンヤ節で構成される。この単系統群のなかでは，オーストラリアの *A. bidwilli*（ブンヤ節）とニューギニアの *A. hunstienii*（インターメディア節）が単系統となり，南米の2種（ナンヨウスギ節）の姉妹群となることが明らかになった。分布域の再配置の結果では，ナンヨウスギ属の共通祖先はオーストラリアにいたことになる（図14の①）。ユータクタ節のクレードでニューカレドニアに分布を広げて適応放散を遂げた（図14の②）一方で *A. cunninghamii* がニューギニアに分布を広げた（図14の③）と考えられる。ほかの3節からなるもう一方のクレードのなかでは，ナンヨウスギ節が南米に分布を広げた（図14の④）一方でインターメディア節がニューギニアに分布を広げた（図14の⑤）と考えられる。ゴンドワナ大陸のジオグラムに従ってユータクタ節のオーストラリアとニューカレドニアの分岐（図14の②）を8,000万年前と置いた場合，ナンヨウスギ科の起源は2億5,000万年前まで遡ることになる。この2億5,000万年という時間はナンヨウスギ科の化石記録を考えれば極端に見当はずれということはない。現在は南米固有であるナンヨウスギ節に属すると思われる化石が，オーストラリアの白亜紀から見つかっていることも，ナンヨウスギ属内の分化がかなり古いことを示しており，種分化とゴンドワナ大陸の分断を結びつけることを支持する(Hill and Brodribb, 1999)。しかし一方で現在のナンヨウスギ科の多様性の中心であるニューカレドニアにおいて，ナンヨウスギ属もナンヨウナギ属も遺伝子の分化がほとんど進んでいないという現象が見られ，分断後に長い時間かけて種分化が起こった形跡は見られない。瀬戸口らはこの原因をニューカレドニアの地史と関連づけて130万年前に急速に拡大した超塩基性岩への急速な適応放散が起きた結果であると議論している。

5. まとめと展望

　南半球を中心に分布する動植物に関しての系統地理学的研究は，1980年代までは形態情報に基づいた分岐図を用いて行われてきたが，分岐図そのものの信憑性に疑問があり，十分な成果を上げたとはいいがたい。これまで紹

介したように，南半球を中心に複数の地域にまたがって隔離分布するいわゆるゴンドワナ植物の生物地理学的研究は，分子系統学的手法と融合して，今まさに開花の時を迎えようとしている．近年さまざまなゴンドワナ植物の分類群について分子系統解析が行われ，生物地理学的議論が繰り広げられている．本章での個別の研究例で示したように，ゴンドワナ植物の系統関係は，ゴンドワナ大陸の分断のトポロジーと一致しない例が多い．サンマルティンらは，これまで蓄積されてきた動植物の分子情報に基づく系統解析の結果を集めてエリアグラムを作成し，いくつかのパターンに類型化している（図15；Sanmartin and Ronquist, 2004）．このうち南ゴンドワナ型，北ゴンドワナ型，熱帯ゴンドワナ型，アメリカ縦断型の4つは，ゴンドワナ大陸のジオグラムのパターンと矛盾はない．しかし南方植物型と逆南方型は，ニュージーランドがオーストラリアあるいは南米と関連が深い点でゴンドワナ大陸のジオグラムのパターンと矛盾している．植物では11分類群に関してエリアグラムを作成し，分岐パターンを検討しているが，そのほとんどは南方植物型と逆

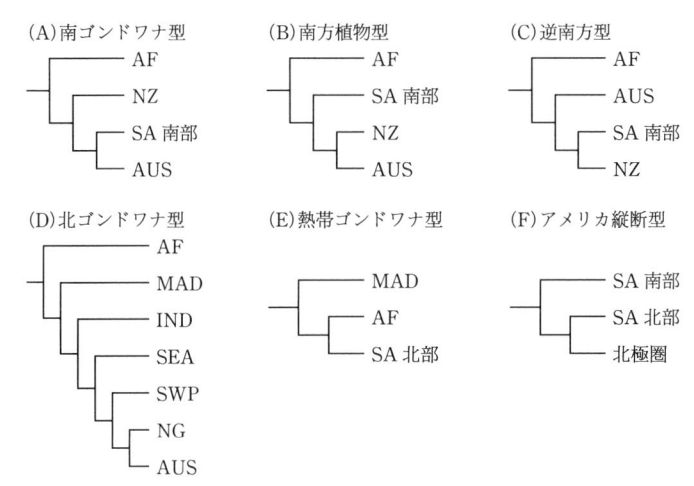

図15 南半球を中心に分布する動植物の分子系統解析の結果に基づくエリアグラムのパターン（Sanmartin and Ronquist, 2004 を改変）．AF：アフリカ，NZ：ニュージーランド，SA：南アメリカ，AUS：オーストラリア，MAD：マダガスカル，IND：インド，SEA：東南アジア，SWP：西南太平洋，NG：ニューギニア

南方型であった。これは，先の事例で示したようにナンキョクブナ属やグンネラ属のようにニュージーランドとオーストラリアに近縁な分類群が分布する場合や，アテロスペルマ科のようにニュージーランドと南米に近縁な分類群が存在する場合が，植物ではより一般的であることを意味している。このような植物分類群の分岐パターンを見ると，現在のコンセンサスとされる大陸の分断パターンが間違いではないかとさえ感じる。しかし動物分類群では南ゴンドワナ型や北ゴンドワナ型を示す分類群がより一般的であり，ゴンドワナ大陸の分断パターンに沿った系統分岐パターンを示すものが多いことから，大陸の分断の推定は誤っていないことが確認できる。動物分類群と植物分類群の分岐パターンは，ゴンドワナ大陸の分断の歴史を反映しているかどうかという点において，非常に対照的である。こうしたパターンを示す原因として，植物分類群が動物分類群に比べより起源が古く，大陸の分断前に分化が起きていた可能性や，分散能力が高いために長距離分散が起きやすかった可能性などが議論されている。先に示したように，個々の分類群において分子系統樹に基づいて詳細に検討した結果では，多くの分類群でニュージーランドとオーストラリア，あるいはニュージーランドと南米の間で長距離分散が起きたことは間違いない。

　ワグスタッフらはこの問題について，*rbcL* 遺伝子がニュージーランドと南米でどの程度分化しているか調べることにより，太平洋を越えた長距離散布が行われている可能性を指摘している。ウィンクワースらはさまざまな分類群について系統樹ベースの解析を行い，ニュージーランドと南米間やオーストラリア間などのさまざまな長距離分散があったことを推測している(Winkworth et al., 2002)。このようなことから南半球の植物地理を議論する際には分散の可能性について常にある程度考慮にいれることが必要であろう。

　多くの動植物分類群で，南半球の複数の大陸に隔離分布を示すことは，非常に興味深い現象である。この現象は多かれ少なかれ中生代まで存在したゴンドワナ超大陸の影響を受けていると思われる。白亜紀以降一貫して大陸の分裂と海洋による隔離が進んだことにより，大陸の分断の地史がそこに生息する生物の系統の分岐に大きな影響を及ぼしてきた。その結果，大陸の分断

の歴史を示すジオグラムと，生物のクラドラムを基に描かれたエリアグラムの間にある程度の類似性が見出されることになる。しかし一方で，大陸の分断後の海洋を越えた長距離散布の可能性を示す事例も数多く示されている。結局今の段階では，個々の分類群について個別に生物地理学的解析を行い，さまざまな事例を積み重ねて行くことが重要である。研究対象とする個々の分類群について詳細な分子系統樹を作成し，そのエリアグラムとジオグラムを比較しながら化石記録や分子時計を駆使して，分断や分散の影響について詳細に議論する必要があるだろう。こうした事例の積み重ねによって，何らかの普遍的な事象が見出されることを期待したい。

[引用・参考文献]

Armstrong, P. 1983. The disjunct distribution of the genus *Adansonia* L. Natl. Geog. J. India, 29: 142-163.

Baum, D. A., Small, R. L. and Wendel. J. F. 1998. Biogeography and floral evolution of Baobabs *Adansonia*, Bombacaceae as inferred from multiple data sets. Syst. Biol., 47: 181-207.

Brooks, D. R. 1981. Raw similarity measures of shared parasites: an empirical tool for determining host phylogenetic relationships? Syst. Zool., 30: 203-207.

Douglas, A. W. and Hoot, S. B. 1998. Phylogeny of the Proteaceae based on *atpB* and *atpB-rbcL* intergenic spacer region sequences. Aust. Syst. Bot., 11: 301-320.

Doyle, J. A. 2000. Paleobotany, relationships, and geographic history of Winteraceae. Ann. Missouri Bot. Gard., 87: 303-316.

Drummond, A. J. and Rambaut, A. 2007. BEAST: Bayesian evolutionary analysis by sampling trees. BMC Evol. Biol., 7: 214.

Feild, T. S., Zwieniecki, M. A. and Holbrook, N. 2000. Winteraceae evolution: an ecophysiological perspective. Ann. Missouri Bot. Gard., 87: 323-334.

Givnish, T. J. and Renner, S. S. 2004. Tropical intercontinental disjunctions: Gondwana breakup, immigration from the boreotropics, and transoceanic dispersal. Int. J. Plant Sci., 165: S1-S6.

Hill, R. S. and Brodribb, T. J. 1999. Southern conifers in time and space. Aust. J. Bot., 47: 639-696.

Hooker, J. D. 1853. Introductory essay to the flora of New Zealand. 39 pp. London: Lovell Reeve.

Huelsenbeck, J. P., Larget, B. and Swofford. D. 2000. A compound Poisson process for relaxing the molecular clock. Genetics, 154: 1879-1892.

Karol, K. G., Suh, Y., Schatz, G. E. and Zimmer, E. A. 2000. Molecular evidence for the phylogenetic position of *Takhtajania* in the Winteraceae: inference from nuclear ribosomal and chloroplast gene spacer sequences. Ann. Missouri Bot. Gard., 87: 414-432.

Kimura, M. and Ohta, T. 1971. On the rate of molecular evolution. J. Mol. Evol., 1: 1-17.

Kishino, H., Thorne, J. L. and Bruno, W. J. 2001. Performance of a divergence time estimation method under a probabilistic model of rate evolution. Mol. Biol. Evol., 18: 352-361.

Knapp, M. St., Ckler K., Havell, D., Delsuc, F., Sebastiani, F. and Lockhart, P. J. 2005. Relaxed molecular clock provides evidence for long-distance dispersal of *Nothofagus* (southern beech). PLoS Biol., 3: e14.

Manos, P. S. 1997. Systematics of *Nothofagus* (Nothofagaceae) based on rDNA spacer sequences (ITS): taxonomic congruence with morphology and plastid sequences. Am. J. Bot., 84: 1137-1155.

Manos, P. S. and Steele, K. P. 1997. Phylogenetic analyses of "higher" Hamamelididae based on plastid sequence data. Am. J. Bot., 84: 1407-1419.

Manos, P. S., Nixon, K. C. and Doyle, J. J. 1993. Cladistic analysis of restriction site variation within the chloroplast DNA inverted repeat region of selected Hamamelididae. Syst. Bot., 18: 551-562.

Martin, P. and Dowd, J. 1993. Using Sequences of *rbcL* to Study Phylogeny and Biogeography of *Nothofagus* Species. Aust. Syst. Bot., 6: 441-447.

McLoughlin, S. 2001. The breakup history of Gondwana and its impact on pre-Cenozoic floristic provincialism. Aust. J. Bot., 49: 271-300.

Nelson, G. and Platnick, N. 1981. Systematics and biogeography: cladistics and vicariance. 567 pp. Columbia University Press, New York.

Nelson, G, Ladiges P. 1991. Three-area statements: standard assumptions for biogeographic analysis. Syst. Biol., 40: 470-485.

Nishida, M., Nishida, H. and Ohsawa, T. 1989. Comparison of the petrified woods from the Cretaceous and Tertiary of Antarctica and Patagonia. Pr. NIPR Sym. Polar Biol., 2: 198-212.

Ohsawa, T., Nishida, H. and Nishida, M. 1995. *Yezonia*, a new section of *Araucaria* (Araucariaceae) based on permineralized vegetative and reproductive organs of *A. vulgaris* comb. nov. from the upper cretaceous of Hokkaido, Japan. J. Plant Res., 108: 25-39.

Ohta, T. 1992. The nearly neutral theory of molecular evolution. Annu. Rev. Ecol. Syst., 23: 263-286.

Page, R. D. M. 1993. Genes, organisms, and areas: the problem of multiple lineages. Syst. Biol., 42: 77-84.

Renner, S., Foreman, D. and Murray, D. 2000. Timing transantarctic disjunctions in the Atherospermataceae (Laurales): evidence from coding and noncoding chloroplast sequences. Syst. Biol., 49: 579-591.

Ronquist, F. 1997. Dispersal-vicariance analysis: a new approach to the quantification of historical biogeography. Syst. Biol., 46: 195-203.

Sanderson, M. J. 1997. A nonparametric approach to estimating divergence times in the absence of rate constancy. Mol. Biol. Evol., 14: 1218-1231.

Sanderson, M. J. 2002. Estimating absolute rates of molecular evolution and divergence times: a penalized likelihood approach. Mol. Biol. Evol., 19: 101-109.

Sanmartin, I. and Ronquist, F. 2004. Southern hemisphere biogeography inferred by

event-based models: plant versus animal patterns. Syst. Biol., 53: 216-243.
Scotese, C. R. 1997. Paleogeographic atlas, PALEOMAP progress report 90-0497. 37 pp. Department of Geology, University of Texas at Arlington, Arlington.
Setoguchi, H., Ono, M., Doi, Y., Koyama, H. and Tsuda, M. 1997. Molecular phylogeny of *Nothofagus* (Nothofagaceae) based on the *atpB-rbcL* intergenic spacer of the chloroplast DNA. J. Plant Res., 110: 469-484.
Setoguchi, H., Osawa, T. A., Pintaud, J. C., Jaffre, T. and Veillon, J. M. 1998. Phylogenetic relationships within Araucariaceae based on *rbcL* gene sequences. Am. J. Bot., 85: 1507-1516.
Swenson, U., Hill, R. S. and McLoughlin, S. 2001a. Biogeography of *Nothofagus* supports the sequence of Gondwana break-up. Taxon, 50: 1025-1041.
Swenson, U., Backlund, A., McLoughlin, S. and Hill, R. S. 2001b. *Nothofagus* biogeography revisited with special emphasis on the enigmatic distribution of subgenus *Brassospora* in New Caledonia. Cladistics, 17: 28-47.
Sytsma, K. J., Litt, A., Zjhra, M. L., Pires, J. C., Nepokroeff. M., Conti, E., Walker, J. and Wilson, P. G. 2004. Clades, clocks, and continents: historical and biogeographical analysis of Myrtaceae, Vochysiaceae, and relatives in the Southern Hemisphere. Int. J. Plant Sci., 165: S85-S105.
Takezaki, N., Rzhetsky, A. and Nei, M. 1995. Phylogenetic test of the molecular clock and linearized trees. Mol. Biol. Evol., 12: 823-833.
Thorne, J. L., Kishino, H. and Painter, I. S. 1998. Estimating the rate of evolution of the rate of molecular evolution. Mol. Biol. Evol., 15: 1647-1657.
Van Steenis, C. 1962. The land-bridge theory in botany, with particular reference to tropical plants. Blumea, 11: 235-542.
Wadia, D. 1957. Geology of India (3rd ed.) 536 pp. MacMillan London.
Wallace, A. R. 1876. The geographical distribution of animals: with a study of the relations of living and extinct faunas. 503 pp. MacMillan London.
Wanntorp, L. and Wanntorp, H. E. 2003. The biogeography of *Gunnera* L.: vicariance and dispersal. J. Biogeogr., 30: 979-987.
Wilson, P. G., O'Brien, M. M., Heslewood, M. M. and Quinn, C. J. 2005. Relationships within Myrtaceae sensu lato based on a *matK* phylogeny. Plant Syst. Evol., 251: 3-19.
Wilson, P. G., O'Brien, M. M., Gadek, P. A. and Quinn, C. J. 2001. Myrtaceae revisited: a reassessment of infrafamilial groups. Am. J. Bot., 88: 2013-2025.
Winkworth, R. C., Wagstaff, S. J., Glenny, D. and Lockhart, P. J. 2002. Plant dispersal NEWS from New Zealand. Trends Ecol. Evol., 17: 514-520.
Zandee, M. and Roos, M. 1987. Component-compatibility in historical biogeography. Cladistics, 3: 305-332.
Zuckerkandl, E. and Pauling, L. 1962. Molecular disease, evolution and genetic heterogeneity. In Kasha, M. and Pullman, B. ed. Horizons in biochemistry. 189-225pp. Academic Press, New York.

被子植物の分布形成における拡散と分断

第3章

長谷部　光泰

　1984年冬。私は大学を自主休講し，三浦半島へシダ採集にと向かっていた。京浜急行の車中，朝刊の前川文夫先生他界の報が目にとまった。前川と面識はなかったが，彼の手による『日本の植物区系』(1977)，『日本固有の植物』(1978)は植物愛好家の書棚には当時必ず並んでおり，とても身近に感じていた。

　日本にどんな植物があるのか，つまり，種の記載研究は明治時代に帝国大学の設置とともに大きく進展した。前川が植物学教室へ進学した1920年代後半には，日本にどんな植物があるかの青写真はほぼできあがっていた。しかし，後に前川が専門とすることになるカンアオイは立体的かつ肉質の花をつけ，押し葉標本にすると生きたときの状態がよくわからないこともあり種の記載レベルでの研究が進んでいなかった。そのことが，1931年4月，前川が中井猛之進門下となった最初の日曜，多摩川周辺におけるタマノカンアオイ発見へとつながる(前川, 1969)。前川が新種発見の予感に歓喜していたときに，カンアオイが生物地理研究の格好の材料であると気づいていたかどうかは定かではない。

1. 生物地理学における生物区系

　種の記載がある程度進んでいないと生物地理学の研究はできない。というか，種の記載がある程度進んでくると，次の段階として，研究者の興味は種の歴史的側面，つまり，系統関係や分布形成過程に興味がおもむいてくる。これは人間の性癖である。学校でクラス替えがあると，まず，同じクラスにどんな人がいるかに関心がいく。そして，クラスになんという名前の人がいるか，それぞれどんな顔つきをしているかがだいたいわかってくる。すると，さらに，それぞれの人がどこから来たのかに関心がいくのがつねである。さらには，クラスメートの両親や祖先についても関心が向くのも時間の問題である。科学は好奇心の学問である。したがって，興味の進展がクラス替えのときと同じでも不思議はない。しかし，クラスのたかだか40人ほどならばよいのだが，日本全体の植物，ましてや世界中の植物となるとそれらを完全に記憶することは不可能である。これは人間の認知能力の限界に起因している。どんなに博覧強記な人間でも寿命があるし，その記憶容量には限界がある。したがって，全体を理解していくためには，多くの事象を整理して，少ない範疇におさめて理解することが必要となる。科学における知識の体系化である。コンピューターのように理論上は記憶容量に限界のないものでは，このようなプロセスは必要なく，どんどん情報を蓄え，それを後で検索すればよい。しかし，人間はそうはいかない。植物の場合も，標本庫にある数百万点の標本の形と産地をすべて記憶できればよいのだが，それができないから種ごとに整理したり，産地を点として地図の上にプロットしたりするのである。そして，知識の体系化ができると，そこから新しい現象を発見できることが多い。

　基礎科学は人類がこれまでまったく知らなかった，あるいは予期できなかった現象を発見することである。基礎科学の価値は日常生活に役立つ必要は必ずしもないのである。では，基礎科学の価値とはなんだろうか。よく例えられるのが芸術との類似性である。絵画や音楽は直接生活に役立つわけで

はない。しかし，我々を幸福にしてくれることは確かである。基礎科学も同じような役割をしていると考えられる。人間は好奇心を本能として持っており，新しいことを知ることは快楽である。テレビのワイドショーがすたれないのはこの証である。そして，好奇心を満たす快楽は，予想だにしないような意外な事実，あるいは，これまでの常識と大きく異なった事実であるほど大きくなる。すなわち，ワイドショーではビッグニュース，基礎科学では大発見である。意外性は人によって異なっている。より多くの人にとって意外な事実の発見，例えば，地球が太陽の周りを回っていたという事実の発見，は基礎科学として大きな価値があるのである。基礎科学の価値として，普遍性を強調する場合がある。しかし，例えば，すべての生物に普遍的，共通に通用する現象は，すべての生物の共通祖先が持っていた現象以外にはありえない。したがって，大腸菌のような単純な単細胞生物の研究以外は重要ではなくなってしまう。あえて，科学の普遍性を強調するならば，人類が普遍的に驚くような現象，これが科学の普遍性なのかもしれない。

さて，意外な事実の発見はいろいろな場面で現れる。そのひとつが，知識を体系化し，全体を俯瞰することによって，個別に見ていたときには見えなかった現象が見えてくることである。例えば，ジグソーパズルのピースを単独で見ると，それぞれいろいろなパターンがあり，それなりに面白い。しかし，ピースを並べ終えた後に，全体を見て，そこに全体像が描き出されたときの驚きは相当なものである。各ピースから，予想することもできない現象が，ピースを並べるという体系化によって浮かびあがってくるのである。もちろん，実際の科学の現場では，ジグソーパズルのようにすべてのピースがあらかじめ用意されているわけではない。ジグソーパズルのピースをひとつ1つ見つけながら，全体を予想していくことになる。

前川が東京大学で教育研究職に就いたころには，個々の植物の分布はかなりわかり，それらを体系化する作業も着実に進んでいた。もちろん，彼自身によるカンアオイなどの研究のように，ピースを探す作業も平行して行われていたのは事実である。ピースが少ない段階では，全体像を描くために，コアとなるピースを探すことはとても大事な作業である。生物地理学の全体像

として浮かびあがってきたのが，植物区系であった。いろいろな植物を調べていくと，似たような分布様式を持つものが多々見られ，それらをひとまとめにすると，地球上にあたかも境界が引けるのである。これは，大きな驚きであり，生物地理学の大きな発見であった。ここで，研究の方向はふたつに分かれる。ひとつは，植物はまだまだたくさんあるから，すべての植物がわかるまで，ひとつ一つ分布を明らかにしていこうという方向。もうひとつは，区系はだいたいわかったから，次の研究段階へと進もうという方向である。このような岐路は研究を進めていると多々ある。全生物の分布を調べられれば問題はないのだが，そのようなことは現実に不可能である。しかし，全種類を調べなければ，全体像が完全には明らかにならないのも事実である。とはいえ，ジグソーパズルも完全にできあがらなくても，何が描かれているかはかなり早い段階で予想できる。ここが研究者のセンスと呼ばれる部分で，いかに早く全体像を推察するかは寿命が限られている人間にとってはとても大事なことかもしれない。

　前川はこのようなセンスにたけた研究者だった。そして，植物の分布がどのような理由で形成されたのかという点について新たに研究を開始した。分布がどのように形成されたかを知るには，植物の系統関係を知ることが重要である。分岐年代の古い分類群と新しい分類群の分布を比較することは，分布形成過程の推定に有用である。しかし，前川の時代には系統推定の研究技術は未熟で，植物の分布から系統関係を推定することが行われていた。これでは，分布形成の知見は得られない。

　地史は分布に大きな影響を与えると考えられる。前川は地史データを植物の分布を説明するのに有効に利用した(西田, 1998)。例えば，後に詳しく触れるドクウツギ属などのように東アジアと南米に隔離分布している種は，昔，赤道が通っていた位置の高地に起源し，それが現在残存しているのだという仮説である。このような考察は当時極めて斬新であり，その研究姿勢は高く評価すべきものである。しかし，現代的な視点で見ると論理展開，用いた地史データ自体の不的確さは否めない。多くの分布データが集まり，体系化された。しかし，そこから新たな発見をするのは，極めて困難であったのであ

る。

2. 系統樹に基づいた生物地理研究

　前川が東京大学を退官して十余年がたった。1985年12月13日午前10時半。暖房がよく効かない東京大学理学部植物学教室の講義室。「生物地理学」の講義に数人の学生が大場秀章助教授を待っていた。前川が東京大学を退官した1970年代は系統分類学，そして，それをベースとした生物地理学の一大変革期であった。大場はその新しい世界的潮流を日本の植物学分野へ導入した先駆者であった。彼の講義は，分岐学と生物地理学を融合させた研究紹介から始まった。

　1966年，Hennigのドイツ語の著書が"Phylogenetic Systematics"として英訳され，英語圏に分岐学の概念が定着していった。分岐学の詳細は他書（ワイリーほか，1993）に譲り，ここでは分岐学の概略だけ説明しよう。例えば，あなたとあなたの友人，チンパンジー，ゴリラ，オランウータンの5つの生物の系統関係を推定してみよう。あなたとあなたの友人はそれほど体毛が多くない。一方で，チンパンジー，ゴリラ，オランウータンは明らかに体毛が多い。そこで，体毛が多いか少ないかに注目して類縁関係を考えると，多くの人は図1の上図のような系統関係を類推するのではないだろうか。この推定においては，体毛が多い，体毛が少ないという形質を同等に扱っている。本当に両形質は同等なのだろうか。これら5つの生物の共通の祖先を考えてほしい（図1上）。共通祖先はすでに絶滅している生物であるが，化石記録などから，体毛が多いサルのような生き物だったと推定される。とすると，体毛が多いという形質は祖先から，オランウータン，ゴリラ，チンパンジーへと維持されてきた形質である。一方，体毛が少ないという形質は，チンパンジーとヒトの祖先が種分化したあと，ヒトの祖先の側で突然変異が起こり，新しく生まれた形質である。ここで話をわかりやすくするために，まず答えを見てみよう。図1下に，現在いろいろなデータから正しいと推定されている系統関係を示した。この系統樹に基づけば，体毛が多いという形質はヒト

図1 分岐系統学の概念

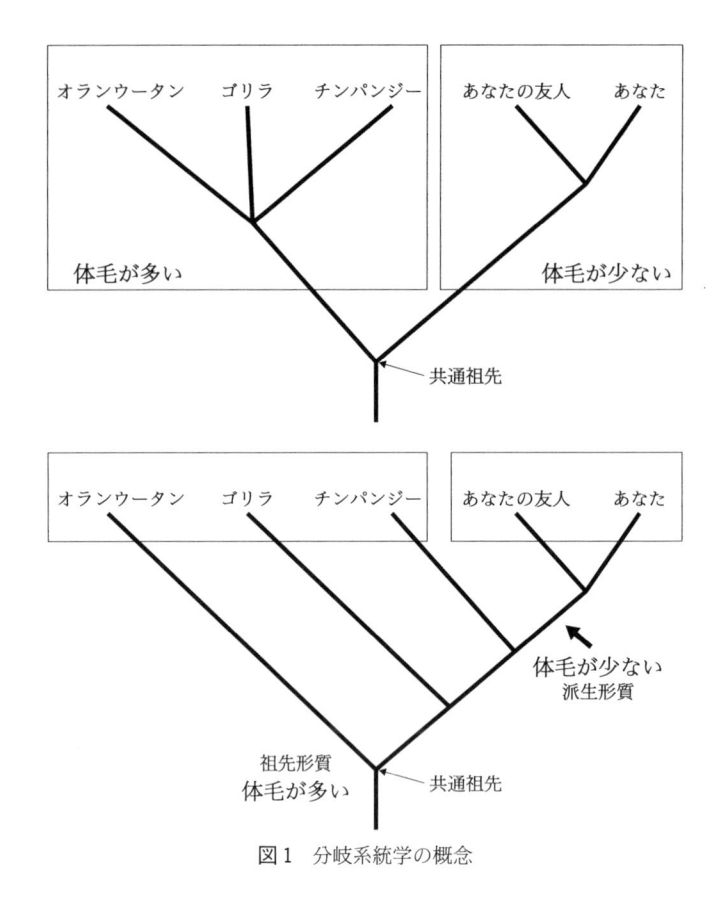

の祖先の段階で体毛が少ないという形質へと変化したことになる。このような場合，前者を祖先形質，後者を派生形質と呼ぶ。共通祖先が持っていた形質は，共通祖先由来の子孫にすべて受け継がれるのだが，進化の過程で派生形質へと変化する。祖先形質はあたかもオランウータン，ゴリラ，チンパンジーがひとまとまりの群であることを示しているように思えるが，オランウータン，ゴリラ，チンパンジーが単系統群であることを示しているわけではない。一方で，派生形質はあなたの友人とあなたが単系統群であることを示している。このように系統関係の推定には対象とする形質が祖先形質なのか派生形質なのかをはっきり区別する必要がある。そして，祖先形質を持っ

ているものをひとつのグループにまとめないように気をつけることが必要となる。考えてみればあたりまえなのだが，分岐学確立以前の系統推定においては，しばしば祖先形質を用いたグルーピングが行われており，多くの混乱があったのだ。

例えば，花の咲く植物である被子植物の系統関係(図2)。子葉が1枚か2枚かは被子植物のなかで明確な形質である。前者を単子葉類，後者を双子葉類と呼ぶ。しかし，被子植物は単子葉類と双子葉類のふたつの系統に分かれるわけではない。被子植物の共通祖先は双子葉類だったと推定されている。すなわち，双子葉という形質は祖先形質である。一方，単子葉という形質は祖先双子葉類のなかから新たに進化した派生形質である。したがって，単子葉類は単系統群である。一方，双子葉類はひとつのまとまった分類群ではないことが図2からわかる。

3. より精確な系統樹を求めて

系統推定の方法が確立すると，生物地理も系統樹を用いて分布を理解しようとする流れが生まれた。しかし，実際には祖先形質と派生形質を見分けることはかなり難しい。例えば，コショウのように花びらのない花とモクレンのように花びらのある花で，花びらがあるのとないのはどちらが派生形質なのだろうか。現在では，コショウは二次的に花弁を失ったことがわかり，花びらがないというのが現生被子植物における派生形質だということがわかっている。しかし，これを外部形態の比較だけから推定するのは不可能である。そのようなわけで，分岐学は画期的な方法論であり，多くの貢献はしたものの，系統関係に基づいて生物の分布形成過程を明らかにする決定打とはならなかった。

科学の進展は異分野との融合によって生まれることが多い。系統分類学の革新は1980年代の分子系統学の確立によってもたらされ，それは生物地理学をも一変させた。1953年にワトソンとクリックによってDNAが遺伝物質であることが発見され，分子生物学の進展にともなって，遺伝子クローニ

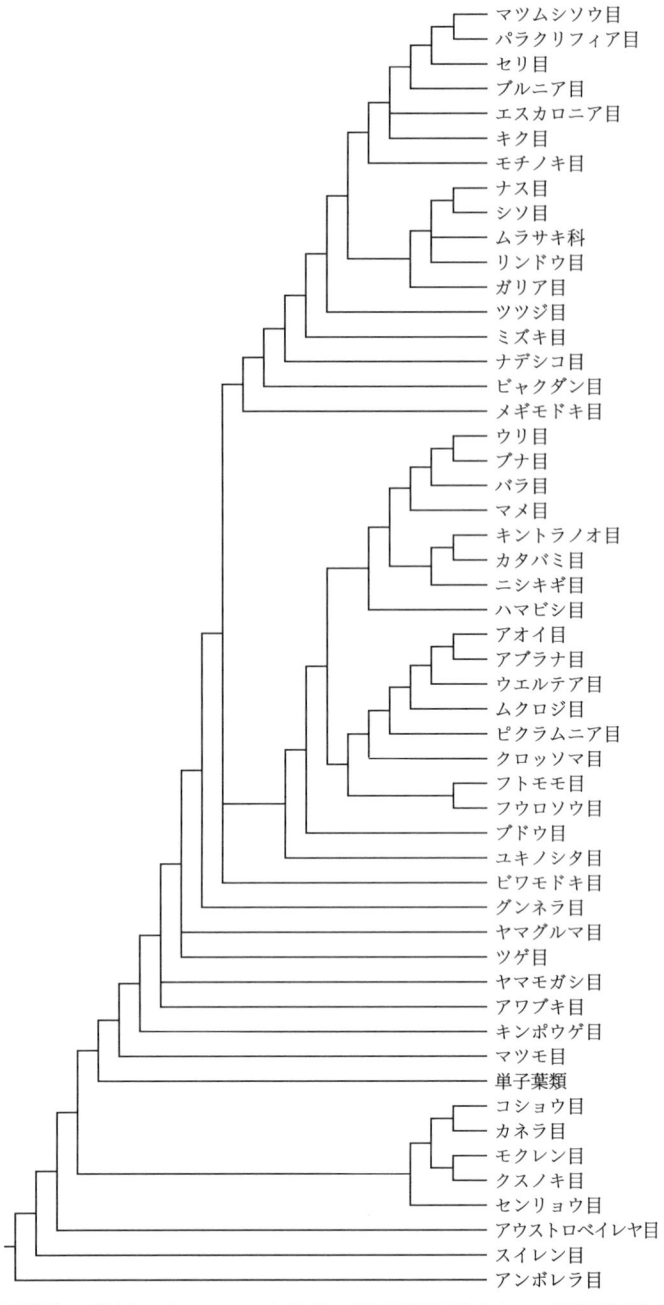

図2 被子植物の系統（APGIII, 2009を改変）。単子葉類以外はすべて双子葉植物であり，双子葉という形質は被子植物の祖先形質である。

ング，DNA の塩基配列決定が可能となった。遺伝子は 4 種類の塩基からなり，その組み合わせが遺伝情報を担っている。遺伝子の塩基配列情報は以下のようなメリットを持っていることがわかってきた。①簡単にたくさんの情報が得られる。技術発展により，現在では一晩で数百万塩基以上の配列を安価で決定することが容易な時代となった。② 4 種類の塩基だけからできているので，形質変化のパターンが規則的でモデル化しやすく，定量的，統計的解析が可能である。したがって，推定した系統関係の統計的信頼性が計算でき，客観的議論が可能となる。③多くの遺伝子は近縁種間で共通に用いられており，比較可能な程度に保存されている。④塩基配列データの中には時間に比例して変化するものもあり，分子時計として系統が分岐した年代を推定することも可能である。

　このような利点のもと，1990 年代に植物の分子系統学は爆発的に進展した。現在では，まず特定の遺伝子の塩基配列を決定し，系統推定を行ってから生物地理学的推定を行うことが定石となっている。そして，精度の高い系統樹に基づいて生物地理学的考察をすることが可能となり，これまで謎につつまれていた生物地理学の多くの問題点が解決されるとともに，次の研究課題も明らかになってきた。以下，分子系統学に基づいた生物地理学の研究例を紹介しよう。

4. ドクウツギ

　ドクウツギ科はドクウツギ属約 18 種を含む被子植物の小さな科である。ドクウツギは東日本の山ではよく見かける植物である。種子に毒があり，外見がアジサイ科のウツギにちょっと似ているのでこの名がある。7 月ごろに登山すると，道沿いの崩れた斜面などでたくさんの赤い実をつけているのを見つけることができる。しかしながら，なんとも謎の多い植物なのである。例えば，赤い実であるが，多くの被子植物の果実は，花が受精し，花弁がすべて落ちた後，雌しべの心皮(雌しべはいくつかの葉状構造からできており，その 1 枚 1 枚を心皮という)が成熟して形成される。しかし，ドクウツギの実は受粉

後も花弁が宿存し，成長してできたものなのである。そして，外部形態だけでは被子植物のどのグループに近縁なのか一致した見解が得られてこなかった。例えば，コペンハーゲン大学にいた Dahlgren(1983) は胚発生，花粉形態，化学成分の類似から，ドクウツギ属はムクロジ科やミカン科に近縁であるのではないかと考えた。一方，ニューヨーク植物園を本拠とし被子植物の分類体系を構築した Cronquist(1982) は離生心皮を持つ花形態や茎構造から，キンポウゲ科に近縁であろうと考えた。しかしながら，どちらも相手の主張を否定するだけの理由もなく，所属不明の科として考えられてきた。そして，Cronquist が着目した離生する心皮は，初期に分岐したと考えられていた被子植物が多く持つ特徴，すなわち祖先形質であると考えられているので，比較的被子植物の系統樹の基部に位置するのではないかと考えられてきた。系統樹の基部で分岐したということは，被子植物が2億年前に起源したとすると，そのすこし後くらいの時期にすでに種分化していたのではないか，すくなくとも1億年以上の古い歴史を持つ植物なのではないかと漠然と考えられてきた。このことは，ドクウツギ属の分布に関わるさまざまな見解の根底にいつも見え隠れしてきたのである。

ドクウツギ属の分布

　ドクウツギ属の分布は形態に輪をかけて奇妙である。Good は 1930 年に「ドクウツギ属は世界の5か所に点々と分布し，これは被子植物の中でもっとも顕著な隔離分布である」と述べている(図3)。ドクウツギ属は地中海に分布し，西アジアを飛ばして，ヒマラヤ地域，中国に分布する。タイ，ベトナム，カンボジアにはなく，日本，台湾，フィリピンに分布し，インドネシアを飛ばしてパプアニューギニアに生育する。さらに，オーストラリアにはなく，ニュージーランドと南太平洋の島々，大西洋を越えてチリ，ペルー周辺に見られる。そして，南米北部まで分布が途絶え，北米には見つからない。確かに分布域が世界中に分散しているとともに，個々の分布域がそれぞれ隔離され，連続していない。いったいこのような分布はどうやってできあがったのだろうか。Good の研究の後，多くの研究者がこの問題に挑戦してきた。

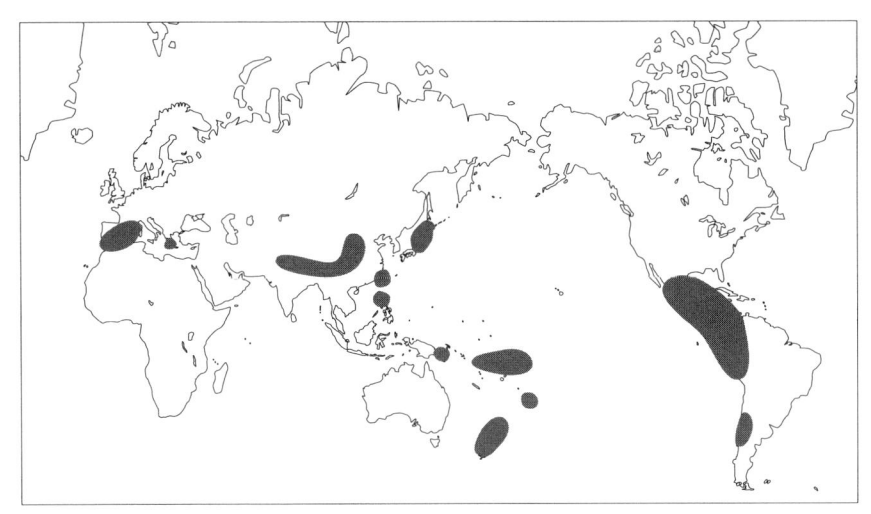

図3　ドクウツギ属の分布図

その一人が前川であった。彼はドクウツギ属の分布を地球儀上にプロットしてみた。すると，ほぼ1本の線で結べることに気づいたのである。当時，被子植物のなかで初期に分岐したと考えられていた群の多くが熱帯高地に生えていたことから，熱帯高地が被子植物の起源地であると考えられていた。ドクウツギ属が被子植物の基部で分岐した群であると考えられていたこととあわせて，昔の赤道上の熱帯高地に広く分布していたドクウツギ属の祖先が，その後の赤道の移動にともなう環境変動によってあちこちで絶滅し，現在その一部だけが残っているのではないかという仮説を提唱したのである(前川, 1969)。この仮説はとても雄大で魅力的だったので，ある年代以上の日本の植物学者からは「ドクウツギ」と聞けば「古赤道」という返事が返ってくる。しかし，残念ながらこの仮説は妥当ではなかったようである。現代の地球科学からは古赤道の存在を支持する証拠はないのだ。

　ドクウツギ属の奇妙な分布に挑戦したのは前川だけではなかった。例えば，Melville(1966)は南米に起源したドクウツギ属が，白亜紀初頭に太平洋上に存在していた「仮想大陸」を経由して北半球に分布を広げたのではないかと考えた。しかし，このような大陸の存在は現在では否定的である。一方，

Melvilleは南半球に分布する種の隔離分布についてはゴンドワナ大陸に起源したのではないかと考えた。Good(1930)，Schuster(1976)も同様な考えを持っていた。三畳紀，約2億3,000年前には南米，アフリカ，南極，オーストラリア，ニュージーランドそしてインドは，ひとつの超大陸，ゴンドワナ大陸を形成し，その後，各大陸は現在の位置へと徐々に移動したと推定されている。化石記録などから，被子植物の祖先はゴンドワナ大陸に起源し，大陸移動によって世界中に広がったのではないかと考えられている。Schuster(1976)は南半球から北半球へのドクウツギ属の分布拡大はゴンドワナ大陸からのインド大陸の解離とユーラシア大陸への衝突によって引き起こされたのではないかと考えた。インド大陸に乗って南半球から北半球へと分布を広げたというとても魅力的な仮説である。そして，ドクウツギ属は被子植物の基部で分岐し，ゴンドワナ大陸の時代にすでにこの世に生じていたと信じられていたので，大陸移動にともなって世界各地に分布を広げたという仮説は妥当であるように思われてきた。

ドクウツギ科の系統

1990年代になり，先述の分子系統学の潮流が被子植物の系統関係にも大きな変革をもたらし始めた。植物では核，葉緑体，ミトコンドリアにそれぞれ遺伝情報の総体であるゲノムが保持されている。葉緑体，ミトコンドリアは別な生物が共生することによって生じた細胞内小器官であるが，共生が起きたのは陸上植物が起源するよりもずっと以前であるから，これらのゲノムにコードされている塩基配列情報を用いて陸上植物の系統関係を推定することが可能である。とりわけ，葉緑体ゲノムは実験操作が容易であったことから1980年代後半から植物の系統関係を推定するよい材料であると考えられてきた。1986年に名古屋大学の杉浦昌弘，京都大学の大山完爾を中心とするグループによって，それぞれタバコとゼニゴケの葉緑体ゲノムの完全解読が世界に先駆けて達成された。しかし，野生植物から葉緑体遺伝子の塩基配列決定を行うことは，当時はかなり困難であった。そこで，塩基配列を直接決定するのではなく，特定の塩基配列を認識してDNAを切断する制限酵素

を用いて葉緑体 DNA を切断し，その切断パターンを比較することによって間接的に塩基配列の違いを推定する方法，すなわち，制限酵素切断断片長多型 (RFLP) を用いた系統推定が行われるようになった．この方法をいち早く確立したのが Jeff Palmer である．彼は助教としてミシガン大学に就職し，10 人ほどの博士研究員とともにさまざまな植物の系統推定を行っていた．RFLP から得られる情報は属内種間や科内属間の系統推定に極めて有効であった．しかし，被子植物全体の系統関係を推定するには，断片があまりにも多様になってしまい解析が困難だった．そのころ，Michael Clegg を中心とするグループが，葉緑体ゲノム上の *rbcL* という遺伝子の塩基配列を真正双子葉類と単子葉類で比較し，適度の変異があることを明らかにし，*rbcL* 遺伝子が被子植物全体の系統関係を推定するのに適しているのではないかという期待が世界中で高まった．*rbcL* は光合成の暗反応で二酸化炭素を固定する最初の酵素を構成するタンパク質の大サブユニットをコードしている．世界的に *rbcL* の塩基配列情報を用いた研究が活性化し，被子植物は米国，裸子植物とシダ類は日本を中心として 1990 年代の終わりまでには維管束植物の主要な分類群の系統関係が明らかになった．しかも，そこから得られた結果は従来の形態に基づいた分類体系とは大きく異なるものであり，当初，さまざまな論争がわき起こったが，前世紀末までには，形態情報の再検討などにより，ほとんどの系統関係についてコンセンサスが得られるようになった (Judd et al., 2008)．

　米国の被子植物の系統推定の中心人物が Mark Chase である．彼は学部学生時代は歴史学を専攻したが，生来の植物好きが高じて Jeff Palmer の研究室で博士研究員としてランの系統解析を行っていた．Palmer 研で分子系統学の技術を習得後，ノースカロライナ大学に助教として就職し，西海岸の米国植物分類学の若き大御所 Douglas Soltis らとともに全米 20 以上の研究室による総力を挙げた被子植物の系統解析の中心的役割を担った．また，まだバイオインフォマティクスという言葉になじみがなかった時代に，Victor Albert という統計解析を得意とする大学院生の参入もあり，1993 年ごろまでに被子植物の代表的な科の類縁関係を推定することに成功した．そして，

彼らが推定したドクウツギ科の系統的位置は従来の予想とまったく異なっていたのだ。ドクウツギ科はベゴニア科，ウリ科と近縁でウリ目に属することが明らかになったのである。ウリ目は被子植物の系統樹の末端で生じた目であり(図2)，被子植物進化の初期段階からドクウツギ科が存在していたという暗黙の了解がくつがえしてしまったのである。

ドクウツギ属の種間系統

1990年の秋だっただろうか，植物学会の会場の一角で鈴木三男金沢大学助教授(現 東北大学)にいきなり呼び止められた。「金沢のカニはうまいぞぉ。ドクウツギの系統解析してくんないか」。塾のバイトで生計を立てる大学院生には，十二分な誘惑である。次の春からドクウツギ研究会という奇妙な研究会に参加することになった。この研究会はドクウツギ属の材形成を鈴木三男，分類を大場秀章(現 東京大学名誉教授)，外部形態に基づいた系統推定を戸部博(現 京都大学)，化石記録を植村和彦(現 国立科学博物館)，花粉形態を高橋正道(現 新潟大学)，染色体数変異を荻沼一男(現 高知女子大学)という各分野を代表するそうそうたるメンバーが分担して研究を進めていた。しかし，研究会といっても，特に研究費があるわけでもない，まさに手弁当の集まりであった。研究会はいつも深夜までおよび，ドクウツギ属を肴に系統分類学の現状と将来について白熱した議論となり，結局最後まで本当に金沢のカニがうまいかどうかは明らかにならなかったが，ドクウツギ属の隔離分布にすっかり魅せられてしまった。鈴木はなけなしの校費から系統解析の試薬代などを捻出し，修士の学生だった横山潤(現 山形大学)の協力もありドクウツギ属の種間系統関係を明らかにすることができた(Yokoyama et al., 2000)。

ドクウツギ属の全分布域をカバーするように12種を選び，*rbcL*，および同じく葉緑体ゲノム上の遺伝子で*rbcL*よりも変異が大きい*matK*遺伝子の塩基配列決定を行い，系統樹を構築した(図4)。この系統樹からドクウツギ属は最初にユーラシア大陸に分布するグループと南半球を中心として分布するグループのふたつに分かれたことがわかる。地中海の種はヒマラヤの種に近縁であり，アジアの種が分布を広げたらしいことが明らかになった。一方，

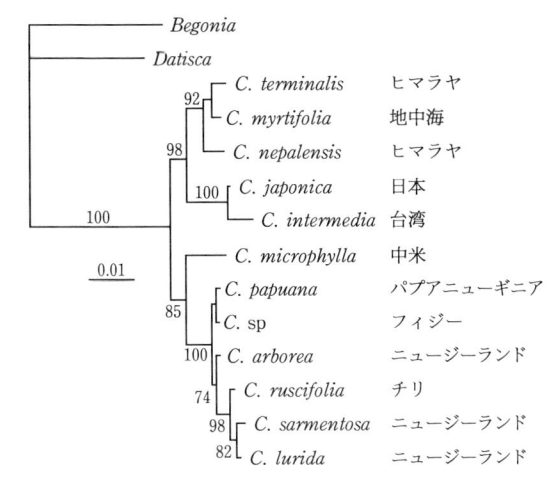

第 3 章　被子植物の分布形成における拡散と分断　135

```
              ┌─── Begonia
              ├─── Datisca
              │         ┌── C. terminalis      ヒマラヤ
              │      92 ┤
              │         └── C. myrtifolia      地中海
              │    98 ┤
              │         ┌── C. nepalensis      ヒマラヤ
              │         │
           100│         │    100 ┌── C. japonica        日本
              │         └───────┤
              │                  └── C. intermedia      台湾
              │
              │         ┌── C. microphylla     中米
              │         │
              │         │    ┌── C. papuana         パプアニューギニア
              │       85│  100┤
              │         │    └── C. sp              フィジー
              │         │
              │         └────┤ ┌── C. arborea         ニュージーランド
              │              │ │
              │            74│ ├── C. ruscifolia      チリ
              │              │ │
              │              └─┤  98 ┌── C. sarmentosa     ニュージーランド
              │                └────┤82
              │                      └── C. lurida         ニュージーランド
```

0.01

図4　ドクウツギ属の系統関係。種名の横に分布域を示す(Yokoyama et al., 2000を改変)。各枝上の数字はブートストラップ確率という信頼性を示す統計値

　南半球のグループはまず中米の種とそれ以外の種が分岐し，その後にパプアニューギニア，ニュージーランド，チリの種が種分化したと推定される。系統樹の枝の長さが塩基の変化に対応しているので，南半球の種類は互いに近縁であることがわかる。しかも，分岐の順番がパプアニューギニア，ニュージーランド，チリ，ニュージーランドとなっていることから，ニュージーランドの祖先種からチリの種が分化した可能性が最も高いことも読み取れる。

　では，これまで考えられてきた大陸移動による分布形成仮説は妥当であろうか。チリとニュージーランドの種は近縁であり，ゴンドワナ大陸の解離によって2億年近く前に種が分かれたとは考えられない。チリの種とニュージーランドの種が約2億年前に分かれたのだとすると，ユーラシアの種群と南半球の種群が分かれた時代は単純に計算しても陸上植物が起源した年代よりも古くなってしまう。したがって，南米とニュージーランドの隔離分布は大陸移動によって引き起こされたのではないことがはっきりした。となると，長距離の移動が最近起こったという可能性しか考えられない。現在，チリとニュージーランドの間で渡りをする鳥は知られていない。また，チリと

ニュージーランドの距離，ドクウツギ属の種子の大きさを考えると風に乗って分布が広がるということも考えにくい。また，北半球と南半球を中心とするふたつのグループの分岐はどのように引き起こされたのだろうか。科学ではひとつの謎が解けると新たな謎が出現するのがつねであるが，これもまたそのケースである。

このようにドクウツギ属の隔離分布は大陸の分断ではなく，長距離分散によって引き起こされたことがわかってきた。これはドクウツギ属だけに限った現象ではないようである。長距離分散によって分布を広げた例をさらに紹介しよう。

5. 食虫植物の系統

食虫植物は約600種が世界のさまざまな地域に分布している(図5)。子供のころ，花屋の店先でハエトリソウの葉を触って驚いた経験はだれにもあるのではないだろうか。植物園の人気者はきれいな袋をつけたウツボカズラやサラセニアである。一見すると花のように綺麗だが，虫を食べる部分，すなわち捕虫葉は花ではなく葉である。食虫植物研究の歴史は古く，多くの研究が行われてきた。進化論の生みの親であるDarwinも1875年に『食虫植物』という本を著している。そして，これまでの外部形態学的研究から，食虫植物は非食虫性の祖先から何回も独立に進化してきたであろうと考えられてきた。しかし，その花形態の単純さあるいは特殊性から，個々の食虫植物がどんな植物と近縁なのかは不明な部分が多く残っていた。

欧米にはサバティカルというシステムがある。これは数年間大学に勤めると半年から1年間大学の講義や会議を免除され，研究に専念できるものである。もちろん給与は大学や国から支給されるので，多くの大学教員はこの期間を利用して，それまでの自分たちの研究を取りまとめ，今後の研究方針を考えて総説や著作を書いたり，異分野の研究技術を取り入れるために別な研究室に滞在して研究したりしている。私の研究室にも何年かに一度は欧米から研究者がサバティカルを利用して数か月滞在して研究をしていく。そして，

多くの分野融合的な研究，あるいは新しい分野の展開がサバティカルを通して生み出されているのである．食虫植物の系統関係もレバノンバレーカレッジの Stephen Williams が先述の Mark Chase の研究室にサバティカルで滞在したことをきっかけに明らかになった．Williams は食虫植物の捕虫様式の生理学的な研究を行ってきた．しかし，これまで系統解析など行ったことのない老教授であり，Chase らとの共同研究によって，初めて食虫植物の主要な分類群の系統関係が明らかになったのである(Albert et al., 1992)．

彼らおよびその後の研究により食虫植物の主要な属は，シソ目(タヌキモ属，ゲンリセア属，ムシトリスミレ属，ツノゴマ属，ビブリス属)，ツツジ目(ロリデュラ属，ダーリングトニア属，サラセニア属，ヘリアンフォラ属)，ナデシコ目(ウツボカズラ属，トリフィオフィルム属，モウセンゴケ属，ハエトリソウ属，ムジナモ属，ドロソフィルム属)，カタバミ目(フクロユキノシタ属)の4つのグループに分かれることが明らかにされた．

この研究から従来ほとんど考えられてこなかった系統関係がいくつか明らかになった．そのひとつがモウセンゴケ科とウツボカズラ科の類縁である(図6)．モウセンゴケは粘着型の捕虫葉を持ち，葉に消化液を分泌する毛がたくさん生えており，小動物を捕らえて消化する．一方，ウツボカズラは袋を形成し，そのなかの消化液におぼれた小動物を消化する．花形態は両者で類似点が見つけがたいことから，外部形態に基づいて両者の近縁性を推定することは困難であった．Albert et al.(1992)によって初めて明らかにされたモウセンゴケ科とウツボカズラ科の類縁は，Meimberg et al.(2000)によっても支持された．さらに彼らは代表的なウツボカズラ属の種の系統関係を解析し(Meimberg et al., 2001；図6)，スリランカに分布する *Nepenthes distillatoria* が最初に分岐し，その後，セーシェル諸島に分布する *N. pervillei*，マダガスカルの *N. madagascariensis*，アッサムの *N. khasiana*，そして東南アジアの種群が分岐した可能性が高いことを示した．

モウセンゴケ科は従来モウセンゴケ属 *Drosera*，ハエトリソウ属 *Dionaea*，ムジナモ属 *Aldrovanda*，ドロソフィルム属 *Drosophyllum* を含むと考えられてきた．そして，ドロソフィルム属は花粉形態などからモウセンゴケ科のなか

図5 代表的な食虫植物。1：ハエトリソウ属，2：ムジナモ属，3：ウツボカズラ属，4：モウセンゴケ属，5：ドロソフィルム属，6：サラセニア属

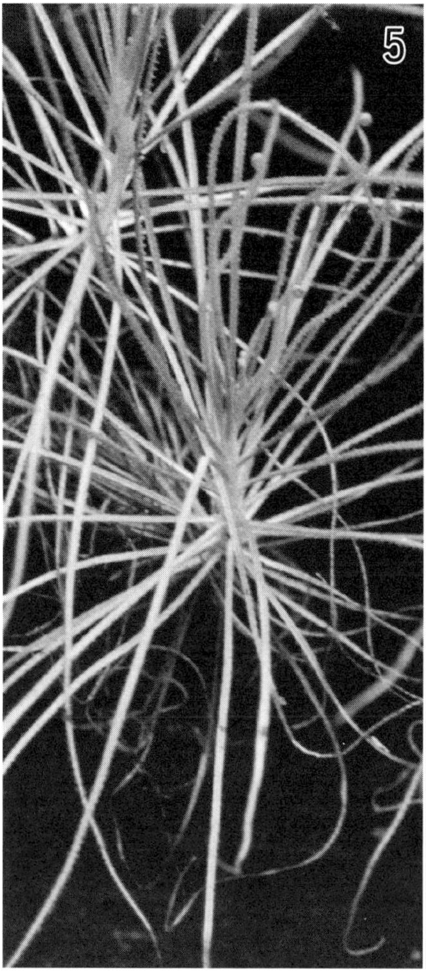
5

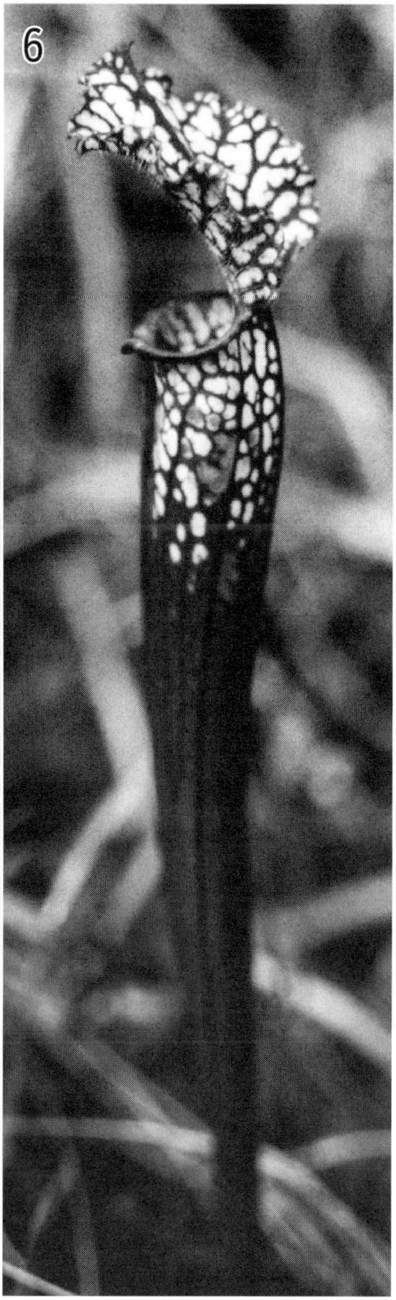
6

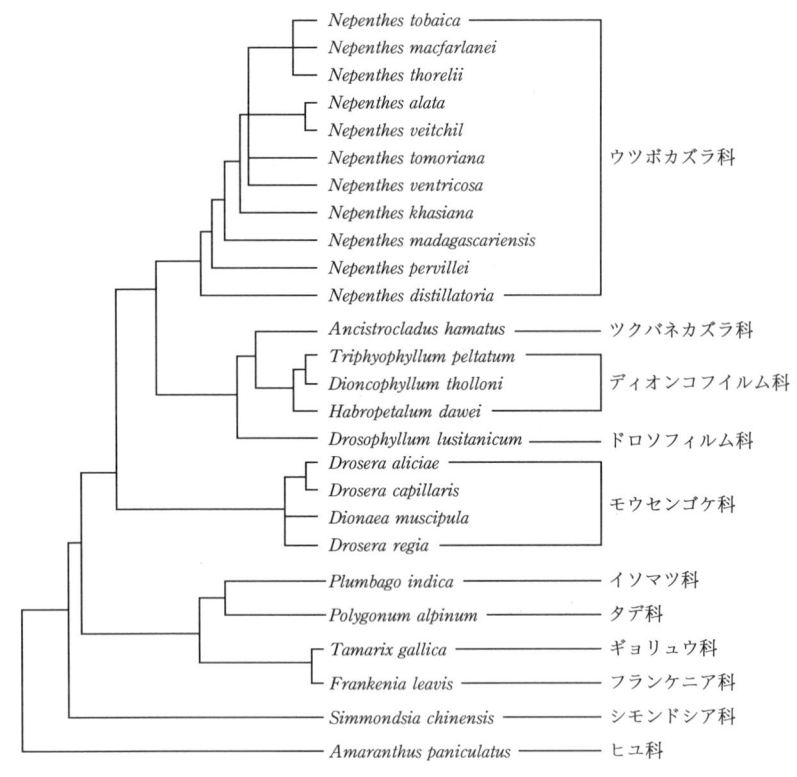

```
                    ┌── Nepenthes tobaica
                  ┌─┤
                  │ └── Nepenthes macfarlanei
                ┌─┤
                │ └──── Nepenthes thorelii
              ┌─┤
              │ │ ┌──── Nepenthes alata
              │ └─┤
              │   └──── Nepenthes veitchil
            ┌─┤
            │ │   ┌──── Nepenthes tomoriana
            │ └───┤
            │     └──── Nepenthes ventricosa
          ┌─┤
          │ └────────── Nepenthes khasiana              ウツボカズラ科
          │
        ┌─┤   ┌──────── Nepenthes madagascariensis
        │ └───┤
        │     └──────── Nepenthes pervillei
        │
      ┌─┤ └──────────── Nepenthes distillatoria
      │ │
      │ │     ┌──────── Ancistrocladus hamatus          ツクバネカズラ科
      │ │   ┌─┤
      │ └───┤ │ ┌────── Triphyophyllum peltatum
    ┌─┤     │ └─┤                                      ディオンコフイルム科
    │ │     │   └────── Dioncophyllum tholloni
    │ │     └────────── Habropetalum dawei
    │ │
    │ └──────────────── Drosophyllum lusitanicum        ドロソフィルム科
  ┌─┤
  │ │       ┌────────── Drosera aliciae
  │ │     ┌─┤
  │ │   ┌─┤ └────────── Drosera capillaris             モウセンゴケ科
  │ └───┤ └──────────── Dionaea muscipula
  │     └────────────── Drosera regia
┌─┤
│ │     ┌────────────── Plumbago indica                 イソマツ科
│ │   ┌─┤
│ │ ┌─┤ └────────────── Polygonum alpinum               タデ科
│ │ │ │ ┌────────────── Tamarix gallica                 ギョリュウ科
│ └─┤ └─┤
│   │   └────────────── Frankenia leavis                フランケニア科
│   └──────────────── Simmondsia chinensis              シモンドシア科
└────────────────────── Amaranthus paniculatus          ヒユ科
```

図6 モウセンゴケ科，ドロソフィルム科，ウツボカズラ科などの系統関係（Meimberg et al., 2000; Meimberg et al., 2001 を改変）

では最も初期に分岐した属だろうと考えられてきた。しかし，遺伝子系統解析の結果から，ドロソフィルム属はほかの3属とは異なった系統に属することが明らかになった（図6）。ドロソフィルム属はツクバネカズラ科，ディオンコフィルム科と単系統群（同じ祖先から由来する種群）を形成する。このことから，モウセンゴケ科とは別のドロソフィルム科として扱われるようになった。

　モウセンゴケ属は約150種からなり，南半球とりわけオーストラリアを中心として分布している。モウセンゴケ属は粘着型の捕虫葉を持つ。一方，ムジナモとハエトリソウはともに挟み込み型の捕虫葉を持つが，生育環境，形態は異なっており，それぞれ隔離分布している。ムジナモは北欧，インド，

東アジア，オーストラリアに隔離分布し，根を持たずに浮遊生活する水草である。ハエトリソウは北米東海岸の湿地にのみ自生する。これら3属は花形態の類似から同じモウセンゴケ科に分類されてきたが，遺伝子系統解析の結果もそれを支持していた(Albert et al., 1992)。その後，ハエトリソウ属とムジナモ属は，形態的，生態的に大きく異なっているものの，確かに姉妹群であることも明らかになった(Cameron et al., 2001; Rivadavia et al., 2003)。

食虫性の進化

食虫性がどのように進化してきたのかは興味深い問題であるが，ほとんどわかっていない。どんな遺伝子が変わることによって普通の植物から進化したのかはもとより，普通の植物の葉がどう変わることによって捕虫葉ができたのかすら定説がない。ここでは，モウセンゴケ科周辺について食虫性の進化を考察してみよう(図7)。

モウセンゴケ科に近縁だが非食虫植物であるイソマツ科やタデ科の一部は，葉や苞の表面に粘液を出す腺を持つことから，粘液を分泌する機構の一部は非食虫植物の段階ですでに進化していたと考えられる。しかし，モウセンゴケ属の粘着型の葉はかなり奇妙な構造を持っており，イソマツ科やタデ科の粘液を出す葉状器官と直接対応させることは困難である。被子植物の葉の内

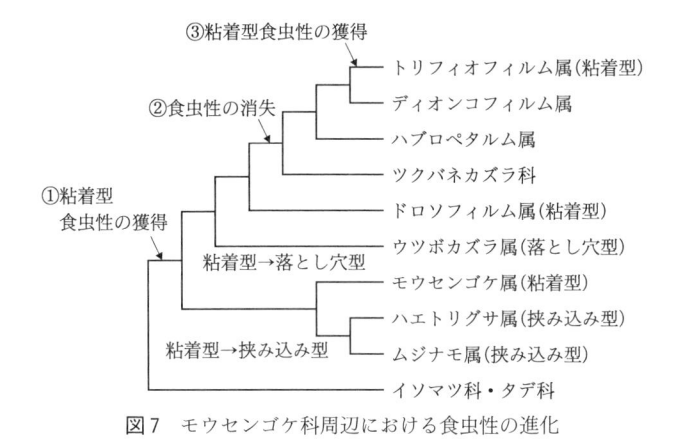

図7 モウセンゴケ科周辺における食虫性の進化

部は，葉脈を挟んで表と裏で異なった組織が分化していることが多い。表側に柵状組織，裏側に海綿状組織ができる。そして気孔は裏側の表皮に多い。一方，モウセンゴケ属の葉には柵状組織が形成されない。また，表裏両面に気孔ができる。さらに，葉の上にできる毛(触毛)もイソマツ科やタデ科にまったく見られないものである。モウセンゴケの触毛は多細胞で，触毛の最外層には表皮細胞があり，その内側に柔組織様の細胞，そして中心には仮導管が通っている。内部構造だけ見たらまるで一枚の葉のような構造である。こんな毛は普通の植物には見られない。ドロソフィルム属の触毛も似た構造をしている。

　モウセンゴケ属とドロソフィルム属はともに粘着型の捕虫葉式を持つことから，図7の①の段階で粘着型食虫性が進化したと考えるのが最大節約的である。さらに，挟み込み型捕虫葉を持つハエトリソウ属とムジナモ属の共通祖先は粘着型の捕虫葉を持っており，両者の共通祖先で粘着型から挟み込み型への形態進化が起きたと推定できる。では，挟み込み型捕虫葉はどのように粘着型捕虫葉から進化したのだろうか。ハエトリソウは英名を Venus Fly Trap，すなわちビーナスのハエ捕り器という。ハエトリソウの葉をビーナスの目になぞらえている。ビーナスの睫毛にあたる部分，すなわち，葉の辺縁の刺状突起は，中心に維管束を持っている。この突起は葉が閉じたときに両側から交差し，虫を逃がさないように働く。一方，葉身上には中央の葉脈を挟んで3対の小さな感覚毛が並んでいる。感覚毛は刺激を葉に伝達して捕虫運動を引き起こす。先述した維管束を持つモウセンゴケ属の触毛は，葉の表面全体にはえているが，外縁部と中央側では形態や性質が異なっている。外縁部の触毛(外縁触毛)は中央部の触毛(中央触毛)に比べて大きい。外縁触毛は刺激をほかの触毛や葉身に伝達できないが，中央触毛は伝達できる。このことから，モウセンゴケ属の外縁触毛と中央触毛がそれぞれ，ハエトリソウの刺状突起と感覚毛と相同ではないかという仮説が提唱されているが，確たる証拠は得られていない(Juniper et al., 1989)。今後，突然変異体などを用いた遺伝学的な解析，形態形成過程において発現する遺伝子の比較解析などによってこの問題に新しい展開が開けることを期待したい。

ディオンコフィルム属，ハブロペタルム属，ツクバネカズラ科は食虫植物ではない。ということは，トリフィオフィルム属，ディオンコフィルム属，ハブロペタルム属，ツクバネカズラ科，ドロソフィルム属の5グループの共通祖先は粘着型の捕虫葉を持っていた。そして，ドロソフィルム属が分岐した後で一端食虫性を失い(図7②)，トリフィオフィルム属が進化するときに再び粘着型の捕虫葉を獲得した(図7③)可能性が高い。さらに，ウツボカズラ属の祖先もモウセンゴケ型の捕虫葉を持っていた可能性が高い。普通の葉がどう変形することによってウツボカズラの袋ができるのかはいろいろな研究があるものの確定的な証拠は得られていない。

モウセンゴケ属内種間の系統関係

モウセンゴケ属内種間の分類は，生活様式，葉形態，花柱の数と形態，托葉の有無，塊茎や無性芽などの特殊器官の有無，染色体数，花粉形態，二次代謝産物，発芽様式を用いて行われてきた。しかし，いくつかの分類体系が提唱されてきたものの，一致した見解は得られていなかった。1996年の冬，ブラジルから1通の電子メイルが届いた。Fernando Rivadaviaというブラジルサンパウロ大学の学生で，当時，ニューヨーク植物園に研究員として滞在していたAlbertから紹介されたという。Albertとは学会のレセプションでモウセンゴケ談義で盛り上がったことがあったので，そのときのことを覚えていたのだろう。Fernandoは修士課程に留学し，モウセンゴケの系統関係を明らかにしたいというのである。翌年，背の高い気さくな青年が来日した。彼は熱烈なアマチュア食虫植物愛好家として世界的に知られており，自分の持っていた材料はもちろんのこと，世界中の友人から日々新しいサンプルが集まり，系統解析に必要なほとんどの種類がすぐに集まってしまった。そして，ギアナ高地で過去2回しか採集記録のないMeristocaules節を除いた，すべての節にまたがる67種について$rbcL$遺伝子の塩基配列情報を用いた系統樹解析を行うことができた(図8：Rivadavia et al., 2003)。

この系統樹より，$D.\ regia$と$D.\ arcturi$のどちらかが最も初期に分岐した種である可能性が高いことがわかる。しかし，この解析からではどちらがよ

り初期に分岐したかははっきりとわからなかった。*D. regia* は南アフリカにのみ分布し，ほかのモウセンゴケ属に見られない花粉形態を持つこと，托葉を持たない点などがハエトリソウに類似している。このことから，従来，モウセンゴケ属の最も基部で分岐したのではないかと推定されてきた。遺伝子系統解析の結果もこれを支持している。*D. arcturi* はニュージーランド，タスマニアを含む南東オーストラリアに分布している。この種は *D. regia* のように祖先形質と目される形態を持たず，遺伝子系統樹からの推定は予想外であった。モウセンゴケ属には花序に複数の花をつけるものが多いが，*D. arcturi* は白い花を花序先端にひとつだけつける。そのため，似た形態を持つ *D. stenopetala* や *D. uniflora* に近縁だと考えられてきた。しかし，遺伝子系統樹から，このような花序形態は平行的に進化したものであることがわかった。被子植物の分子遺伝学的研究のモデルであるシロイヌナズナにおいて1塩基の突然変異で花序の花数が変化することが知られており，十分ありうることである。ほかにも，遺伝子系統樹を用いた解析によって，似たような形態が異なった系統で独立に進化することが従来予想された以上に多くあることがわかってきている。

　D. glanduligera から *D. stolonifera* までを含む単系統群はオーストラリアに分布している。これらの種は乾燥に適応し，塊茎(*Ergaleium* 節)，太い根(*Phycopsis* 節)，1年生の生活型(*Coelophylla* 節)，無性芽(*Bryastrum* 節)を進化させている。*Bryastrum* 節は，せいぜい直径1 cm くらいにしかならないことから，ピグミードロセラと呼ばれ，南西オーストラリアを中心に分布し，花は5枚の花弁を持つ。一方，*D. pygmaea* は例外でオーストラリアだけでなくニュージーランドにまで分布域を広げ，花弁は4枚である。したがって，*D. pygmaea* はほかのピグミードロセラとは別のグループに属するのではないかと考えられてきた。しかし，遺伝子系統樹の結果は，*D. pygmaea* がほかのピグミードロセラと同じグループに属し，5枚の花弁を持っていた祖先から進化の途中で花弁を1枚失ったことがわかる。

　厳しい乾期を塊茎で生き延びる *Ergaleium* 亜属は葉形，立ち上がる茎の有無によって3つの節に分けられてきた。日本に自生するイシモチソウを含

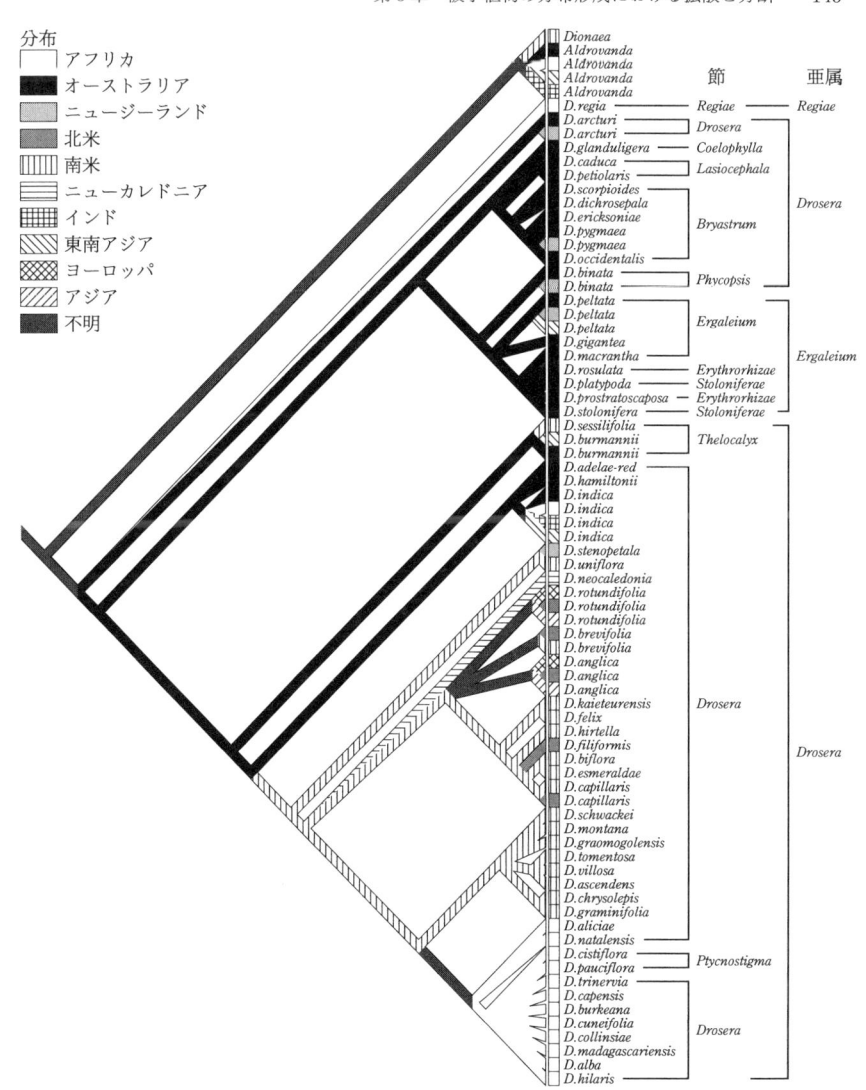

図8 *rbcL* 遺伝子の塩基配列から推定されたモウセンゴケ属種間の系統関係(Rivadavia et al., 2003 を基に凡例を改変)．それぞれの分布域を凡例で示し，分布変遷を最大節約的に表示してある．口絵1も参照．

む *Ergaleium* 節は盾型の葉を持つ点がほかの2節(*Stoloniferae* 節と *Erythrorhizae* 節)と異なっている。盾型の葉は派生形質であり，祖先形質である普通葉を持つ種の方が系統の基部に位置すると推定されてきた。しかし，遺伝子系統樹から，現生塊茎性モウセンゴケの祖先は盾型の葉を持っており，進化の過程で祖先型の葉を再び進化させたことが明らかになった。*Erythrorhizae* 節はほかの2節と異なり花序に葉をつけず，ロゼット葉だけを形成する。この形態はイシモチソウのようにロゼットと花序の両方に葉をつける形態よりも後になって派生的に進化してきたことがわかる。

　D. regia とともにモウセンゴケ属の基部に位置する *D. arcturi* はオーストラリアとニュージーランドに分布し，オーストラリアに分布するほかの種類は *D. regia* と *D. arcturi* の後に分岐している。このことからモウセンゴケ属はアフリカかオーストラリアのどちらかに起源し，その後，オーストラリアで分化を進めたことがわかる。そして，オーストラリアから世界に分布を広げていったのである。

モウセンゴケ属の生物地理

　図8の系統樹はモウセンゴケ属の分布形成についてさらに多くの情報を与えてくれる。クルマバモウセンゴケ *D. burmannii* はオーストラリア，インド，東南アジア，東アジアに広く分布する。クルマバモウセンゴケはオーストラリアから北半球へと分布を広げていったと考えられる。ナガバノイシモチソウも同じようにオーストラリアから北半球へ，そしてアフリカへも分布を広げたようである。クルマバモウセンゴケの祖先はさらに遠距離に分布を広げた可能性が高い。クルマバモウセンゴケに形態がとても類似した *D. sessilifolia* が南米に分布している。他人のそら似か，あるいはドクウツギ属を思い起こさせる隔離分布かはこれまではっきりしなかった。遺伝子系統樹から，両者は近縁であることがはっきりした。したがって，なんらかの理由でオーストラリアあるいはアジアから南米への長距離分散が引き起こされたものと考えられる。

　オーストラリアから南米への長距離分散はほとんどの南米の種の共通祖先

でも起こったようである。オーストラリアから南米へ移住した祖先種は南米で多様化し，その一部が北米へと分布を広げたことが系統樹からわかる。現在でも，南米と北米の両方に分布している種はいくつか知られており，両大陸の間では頻繁に種の移動が起こっているようである。そして，日本にあるモウセンゴケ，ナガバモウセンゴケなどは南米から北米へと分布を広げた祖先種がユーラシア全体へと分布を広げる過程で進化したと考えられる。

　南米ブラジルとベネズエラの国境付近に広がるギアナ高地は，テプイと呼ばれる標高1,000 m以上の周辺が切り立ったテーブル状の山々からなる。それぞれのテプイは陸の孤島のように独立しており，分布する植物もテプイごとに異なっている場合が多い。テプイ頂上は麓と隔離されており，麓の熱帯雨林とはまったく異なった植生が広がっている。『シャーロック・ホームズ』の著者であるコナン・ドイルは『失われた世界』のなかで，ギアナ高地に生き残っていた恐竜を描き出している。実際には，ギアナ高地に恐竜は見つからないのだが，そこに分布する植物は起源の古いものが多いのではないかと思われてきた。図8で $D.\ kaieteurensis$，$D.\ felix$ はギアナ高地の固有種である。これらの種は起源が古い，すなわち，モウセンゴケ属系統樹の基部で分岐するのではなく，南米の種のなかに含まれた。近年のフロラ研究から，ギアナ高地の被子植物の多くは依存的な種ではなく，ほとんどが近年アンデス山脈やアマゾン低地から移入したものだということがわかってきた。モウセンゴケ属についても同じことがいえそうである。

　南米に分布していた祖先種の一部は南アフリカへ分布を拡大，多様化し，現在のアフリカの種のほとんどを生み出したことも明らかになった。オーストラリア，南米，アフリカとなると，ドクウツギ属のときのように大陸移動にともなう分布拡大を思い起こさせる。しかし，モウセンゴケ科は被子植物進化の初期段階で分化したのではなく，モウセンゴケ属内の種が，ゴンドワナ大陸が移動していた白亜紀に，すでに種分化していたとは考えがたい。ドクウツギ属，モウセンゴケ属だけでなく，これまで生物地理学においてゴンドワナ要素として取り上げられてきた例の多くは，大陸移動とは関係なく，長距離分散によって分布を広げた可能性が高いことがわかってきている。

オーストラリアから南米，南米からアフリカへの分散が，数億年に数回という極めて稀に起こるものなのだろうか。あるいは，頻繁に分布拡大が起こっているのだが，異なった環境で生き残ったものが少ないだけなのだろうか。新たな問題である。

6. カエデ属の生物地理

　モウセンゴケ属の分布は南米から北米へ，そしてユーラシア全域に広がったと推定される。このような北半球における分布の拡大はほかの種でもよく知られており，遺伝子系統樹と分子時計を用いてその分布拡大の実体が明らかになってきた。ここでは，江戸時代から問題になっていた北米東部と東アジアのフロラの類似について見てみよう。

　秋に北米東部を訪れると道路沿いに一面真っ赤に色づいたアメリカハナノキが見事である。日本の岐阜県周辺のみに分布するハナノキよりも少し葉が大きい感じがするもののとてもよく似ている。日本でも東海地方以外で街路樹として使われているのはほとんどがアメリカハナノキである。また，北米東部で少し山間に入ると穂状花序をつけたアメリカオガラバナが目につく。花序の形態や葉の雰囲気など日本のオガラバナにとても良く似ている（図9-1）。アメリカウリハダカエデもよく見かける。日本のウリハダカエデと比べると，米国の多くの植物がそうであるように，ややぽてっとした感じがする（図9-2）。米国西海岸サンフランシスコからワシントン州にかけての湿った林では，林床に咲く黄色いミズバショウの上へたおやかに *Acer circinnatum* が枝を手向けている。展開した葉は明らかに日本のイロハモミジに似ている（図9-3）。

　東アジアと北米の植物相が類似していることを初めて詳細に検討したのは米国ハーバード大学の Asa Gray だった。1850 年代，ダーウィンの進化論が米国に伝わりつつあり，黒船が日本に来航したころである。黒船が日本から持ち帰った標本や同時代に刊行された Siebold と Zuccarini の『日本植物誌』から，Gray は東アジアと北米植物相の類似について壮大な仮説を提唱

図9 北米のカエデ属。1：アメリカオガラバナ　*Acer spicatum*，2：アメリカウリハダカエデ　*Acer pennsylvanicum*，3：*Acer circinnatum*

した。新生代第三紀は氷河期のあった第四紀よりも温暖であったことが知られている。そこで，Grayは，第三紀には北極圏は凍りついておらず，広大な落葉広葉樹林が広がっていただろうと考えた。その林はベーリング海峡をまたいで北米から東アジアへと点々とつながり，種子の移動を介して類似したフロラが広がっていただろう。しかし，第四紀になり，気候が寒冷化し，北極周辺に生育していた植物たちは，徐々に南方へと追いやられた。そして，北極圏が厚い氷に閉ざされたころには，東アジアと北米に生き残った植物たちが新たな植物相をつくり出した。それ故，現在，北米と東アジアに類似した植物相が広がっているのではないかという仮説である(Gray, 1859; Axelrod, 1960)。すなわち，第三紀の共通祖先植物相が北米と東アジアに分断されることによって派生的なふたつの植物相ができあがったというのである。この場合，大陸は移動していないが，気候の変動と植物の移動によって植物相が分断される点が大陸移動による植物相の分化と概念的に類似している。

もう1つの仮説は長距離分散によって植物相が類似しているのではないかというものである(Tiffney, 1985)。ベーリング海峡を渡って，なんらかの要因によって両大陸間で植物の移動が起こったという仮説である。第三紀以降，少なくとも3回は温暖な時期があったことが知られており，両大陸間での移動の手助けになった可能性がある。

遺伝子系統樹を用いた方法でこの問題を解決できないだろうか。1990年代に東アジアと北米の近縁種について系統解析と分子時計を用いた分岐年代の推定が行われた。Grayの仮説が正しいのだとすると，北極圏にあった植物相が同時代的に分断されたので，東アジアと北米の植物相を構成する多くの種の分断もみな同時期に起きただろう。そうだとすると，現在，両地域で最も近い種のペアをいくつかの異なった属や科で調べてみると，どのペアも同じような時代に分岐したという結果が得られるはずである。一方，複数回分散仮説が正しいならば，種のペアによって分散年代が違うはずだから，それぞれ異なった分岐年代が推定されるはずである。外部形態的にも遺伝子系統樹からも，アメリカハナノキとハナノキ，オガラバナとアメリカオガラバナは現生カエデ属内で互いに最も近縁な関係にあることが明らかになった。

そこで，分子時計を利用して両ペアの分岐年代を推定してみた。遺伝子の塩基配列は時間に比例して変化する場合が知られている。ただ，時間に比例しない場合も多いので，統計的に検定することが必要である(長谷川・岸野, 1996)。アメリカハナノキとハナノキが分岐した年代を推定すると約830万年前であることがわかった。一方，アメリカオガラバナとオガラバナは約1,200万年前であった。このことから，アメリカハナノキとハナノキ，アメリカオガラバナとオガラバナは別な時期に種分化を起こした，すなわち，Grayの仮説には合致しないことがわかったのである(Hasebe et al., 1998)。さらに，ユリノキ属，モクレン属，ボタン属，ルイヨウボタン属，タコノアシ属，ハエドクソウ属，コウモリカズラ属など東アジアと北米で隔離分布する近縁種間で同じような計算がされた結果，古いものでは約2,500万年前，新しいものでは約200万年前といったように，異なった近縁種ペアは異なった年代に種分化したことが次々に明らかになってきた(Wen, 1999)。これらの結果から，両大陸を挟んだいろいろな植物のいろいろな時期の長距離分散が現在の両大陸の植物相の類似を可能にしたのだということがはっきりした。

　本章では，分子系統学を用いた生物地理学的研究によって，従来，分断によって引き起こされたと考えられてきた植物の隔離分布が，実は長距離分散によっていた可能性が高いことを示した。分子系統学の導入によって，この20年間に生物地理学上の諸問題が次々と解決されてきた。今後，どのような新しい展開が見られるのかに期待したい。

[引用・参考文献]
Albert, V. A., Williams, S. E. and Chase, M. W. 1992. Carnivorous Plants: phylogeny and structural evolution. Science, 257: 1491-1495.
APGIII. 2009. An update of the angiosperm phylogeny group classification for the orders and families of flowering plants: APGIII. Bot. J. Linn. Soc., 161: 105-121.
Axelrod, D. J. 1960. The evolution of flowering lnts. In: Evolution after Darwin, vol. 1 (Tax, S. ed.), pp. 227-305. University of Chicago Press, Chicago.
Cameron, K. M., Wurdack, K. J. and Jobson, R. W. 2002. Molecular evidence for the common origin of snap-traps among carnivorous plants. Amer. J. Bot., 89: 1503-1509.
Good, T. D. O. 1930. The geography of the genus *Coriaria* Linne (Coriariaceae). New

Phyt ol., 29: 170-198.

Gray, A. 1859. Diagnostic characters of new species of hanerogamous plants collected in Japan by Charles Wright, Botanist of the U. S. North Pacific Exploring Expedition. Memories of the American Academy of Arts, 6: 377-452.

Hasebe, M., Ando, T. and Iwatsuki, K. 1998. Intrageneric relationships of maple trees based on the chloroplast DNA restriction fragment length polymorphisms. J. Plant Res., 111: 441-451.

長谷川政美・岸野洋久. 1996. 分子系統学. 257 pp. 岩波書店.

Judd, W. S., Campbell, C. S., Kellogg, E. A. and Donoghue, M. J. 2008. Plant Systematics (3rd ed.). Sinauer Associates, Inc. Massachusetts U. S. A.

Juniper, B. E., Robins, R. J. and Joel, D. M. 1989. The Carnivorous Plants. Academic Press, London, U. K.

前川文夫. 1969. 植物の進化を探る. 204 pp. 岩波書店.

前川文夫. 1977. 日本の植物区系. 178 pp. 玉川大学出版部.

前川文夫. 1978. 日本固有の植物. 204 pp. 玉川大学出版部.

Meimberg, H., Dittrich, P., Bringmann, G., Schlauer, J. and Heubl, G. 2000. Molecular phylogeny of Caryophyllidae s. l. based on *matK* sequences with special emphasis on carnivorous taxa. Plant Biol., 2: 218-228.

Meimberg, H., Wistuba, A., Dittrich, P. and Heubl, G. 2001. Molecular phylogeny of Nepenthaceae based on cladistics analysis of plastid trnK intron sequence data. Plant Biol., 3: 164-175.

Melville, R. 1966. Continental drift, Mesozoic continents and the migrations of the angiosperms. Nature, 211: 116-120.

西田誠. 1998. 解説. 植物の来た道(前川文夫著), pp. 228-229. 八坂書房.

Qiu, Y.-L., Parks, C. R. and Chase, M. W. 1995. Molecular divergence in the eastern Asia-eastern North America disjunct section Rytidospermum of *Magnolia* (Magnoliaceae). Amer. J. Bot., 82: 1589-1598.

Rivadavia, L., Kondo, K., Kato, M. and Hasebe, M. 2003. Phylogeny of the sundews, *Drosera* (Droseraceae) based on chloroplast *rbcL* and nuclear 18S ribosomal DNA sequences. Amer. J. Bot., 90: 123-130.

Schuster, R. M. 1976. Plate tectonics and its bearing on the geographical origin and dispersal of angiosperms. *In*: Origin and Early Evolution of Angiosperms (Beck, C. B. ed.), pp. 48-138. Columbia Univ. Press, New York.

Tiffney, B. H. 1985. Perspectives on the origin of the floristic similarity between eastern Asia and eastern North Ameirica. J. Arnold Arboretum, 66: 73-94.

Wen, J. 1999. Evolution of eastern Asian and eastern north American disjunct distributions in flowering plants. Annu. Rev. Ecol. Syst. 30: 421-455.

ワイリー, E. O.・ブルックス, D. R.・シーゲル・カウジー, D.・ファンク, V. A. 1993. 系統分類学入門―分岐分類の基礎と応用(宮正樹訳). 201 pp. 文一総合出版.

Yokoyama, J., Suzuki, M., Iwatsuki, K. and Hasebe, M. 2000. Molecular phylogeny of *Coriaria*, with special emphasis on the disjunct distribution. Mol. Phyl. Evol., 14: 11-19.

第4章 沿海州の気候と植生

いがり　まさし

1. 沿海州の位置と気候

　沿海州というと，多くの人がまっ先に思い浮かべるのは冬の気象情報ではないだろうか。シベリア付近に中心を持つ高気圧が沿海州付近に張り出してくると，日本海にすじ状の雲が現れ，日本海側では大雪，太平洋側では乾いた寒風の吹きつける冬型の気圧配置になる。

　この高気圧は「シベリア高気圧」とか「シベリア気団」と呼ばれるので，沿海州＝シベリアだと思っている人も多いだろう。ところが，ロシアではシベリアというのはさらに北方のノボシビルスクを中心とした地域を指す。

　ロシア人は自国を，西からモスクワを中心としたヨーロッパ地域，ノボシビルスクを中心としたシベリア地域，ウラジオストクを中心とした極東地域，と3つに分ける。極東地域はさらに，アムール，マガダン，カムチャツカ，ハバロフスク，サハリン，沿海州の6つの地域に分けられる。このなかで最も南に位置するのが沿海州だ。

　沿海州の中心都市ウラジオストクの緯度は，およそ北緯43度。札幌と同じぐらいの緯度と考えていい。年平均気温は摂氏4.3℃。札幌の7.5℃と比べるとだいぶ低い。しかし，このデータの差は冬の気温の違いが大きくものをいっている。植物が生育する春から秋にかけての気温は，札幌と大差ない。

もうひとつの重要な気候の要素は，降水量である。気温からだけ考えれば北海道のような植生を思い浮かべるかもしれないが，この降水量の違いによって植生にも大きな違いができるのである。

ウラジオストクの年間降水量は 722 mm である。これは日本のどの都市よりも少ない。最も少ない松本でも 1,000 mm を超える。同じような緯度の札幌も旭川も 1,000 mm 強である。東京が約 1,500 mm，新潟が 1,800 mm，宮崎に至っては 2,500 mm に達する。

特徴的なのは，夏の雨はともあれ冬の降雪が少ないことである。ウラジオストクのドライバーは，スノータイヤを使わないそうである。物資が手に入りにくいこともあるが，乾燥していて水分がないのでいくら気温が低くても雪や氷にならない。さらに，気温が一日中氷点を上まわらないため，多少の氷があったとしても融けない。それでかえって滑りにくいため，あまり必要はないのだそうだ。

しかし，このウラジオストクとて，沿海州のなかでは，むしろ降水量の多い地域である。オホーツク海に面したシホテアリン山脈はともあれ，ハンカ湖近くの内陸地方の平原はそれよりかなり降水量が少ない。参考までにこの地方に隣接した中国の綏芬河（スイフェンホー）の年間降水量は 600 mm ほどである。

2. 沿海州の植生

沿海州に初めて来た日本人に感想を尋ねると，

「針葉樹林やツンドラを思い浮かべてきたが，意外にも落葉樹林と草原ばかりだった」という人が多い。

ウラジオストク周辺の山林は，モンゴリナラ *Quercus mongolica* やイタヤカエデ *Acer mono*，サワシバ *Carpinus cordata*，ヤチダモの一種 *Fraxinus mandshurica* などの落葉樹林に覆われている。そのなかにときおりチョウセンゴヨウ *Pinus koraiensis* やトドマツに似た *Abies holophylla* などの針葉樹が混じる。ウラジオストク近郊の本来の植生はこの針広混交林で，ロシアの植物学者はこの森を「ウスリースク・タイガ」と呼ぶ。しかし，状態のよいウス

リースク・タイガは少なく，針葉樹を欠く二次林が広がっているところが多い。特に海岸に隣接した風衝地では，モンゴリナラの純林を見かけることもある。

　ウスリースク・タイガの樹種構成は，モンゴリナラをミズナラに，*Abies holophylla* をモミやツガに置き換え，さらにブナを加えれば，日本列島の太平洋側に発達する冷温帯性の針広混交林とよく似ているが，決定的に違うのは中低木層が希薄なことである。日本の針広混交林の中低木層は，クロモジの仲間などの中低木が占め，より下層はスズタケなどササ類に覆われていることが多い。

　沿海州のウスリースク・タイガはこの中低木層がとても希薄なため，林のなかが明るく，非常にすっきりと見通すことができる。また，その条件が，スプリングエフェメラルと呼ばれる春咲きの多年性草本に適しているため，早春には信じられないほど見事なお花畑が，出現する。

　まず4月にキタミフクジュソウ *Adonis amurensis* やチョウセンセツブンソウ *Eranthis stellata* が咲き始め，5月になると，ウラホロイチゲ *Anemone amurensis*，アズマイチゲ *Anemone raddeana*，エゾエンゴサクの近縁種 *Corydalis ambigua*，エンゴサクの一種 *Corydalis repens*，リュウキンカ *Caltha palustris*，キスミレ *Viola orientalis*，ミヤマスミレ *V. selkirkii*，エゾアオイスミレ *V. collina*，タツタソウ *Plagiorhegma dubia*，エゾキンポウゲ *Ranunculus franchetii*，ヤマブキソウ *Hylomecon japonicum*，ネコノメソウの一種 *Chrysosplenium sibericum*，クロバナウマノミツバ *Sanicula rubriflora* などが，とめどなく咲き乱れる。

　ウラジオストク北方にはシホテアリン山脈という山岳地帯が広がるが，こちらは針葉樹林帯もある。ウスリースク・タイガに出現する2種のほか，カラマツに似た *Larix cajanderi*，トウヒの仲間 *Picea ajanensis* などが森林をつくる。森林限界にはハイマツ *Pinus pumila* も見られ，スガワラビランジ *Silene stenophylla* やチシマセンブリ *Swertia tetrapetala* などがお花畑をつくっている。

　ハンカ湖を中心としたハンカ平原は，乾燥した草原が続く。春にはオキナ

図1 降水量が少なく森林が発達しない沿海州内陸部の植生

図2 チョウセンハナシノブ *Polemonium recemosum*。日本では九州に稀産するハナシノブによく似ている。沿海州ではごく普通に道端で見かける。

図3 ウラホロイチゲ 日本では北海道東部の一部に限られる。沿海州の沿岸部では最も普通に見られる *Anemone*

図4 エゾキンポウゲ 日本では北海道北部に産する。

図5　エゾアオイスミレ　沿海州では最も普通に見られるスミレ

図6　タツタソウ *Plagiorhegma dubia*。日本では山野草として親しまれているが，シベリア出兵の際，戦艦竜田の乗組員が持ち帰ったと伝えられている。

第4章　沿海州の気候と植生　159

図7　オキナグサの雑種群落　ヒロハオキナグサとオキナグサの雑種群落。花の色や形がひと株ごとに異なる。

図8 シオン 日本国内の自生は中国地方や九州だが，北緯40度以上のウラジオストク周辺で普通に自生している。

グサの仲間が数種類 *Pulsatilla cernua*, *P. chinensis*, *P. dufrica* やセンボンヤリ *Leibnitzia anandria* が咲き，初夏から秋にかけて，小型のユリである *Lilium tenuifolium* や，シャクヤクの原種 *Paeonia lactiflora*，紅紫色の野ばら *Rosa maximowicziana*，エゾキスゲ *Hemerocallis lilioasphodelus*，キキョウ *Platycodon grandiflorum*，オミナエシ *Patrinia scabiosaefolia* などが花を咲かせる。

ときおり見かける疎林は，乾燥したところではモンゴリナラ *Quercus mongolica*，ヤマナラシに似た *Populus tremula*，ヤエガワカンバ *Betula davurica* がほとんどだ。ときどきアカマツ *Pinus densiflora* を見かけることもある。川沿いの湿り気のある林では，ケショウヤナギ *Chosenia arbutifolia* をはじめとしたヤナギ科の樹木や，エゾノウワミズザクラ *Padus avium* などが目につく。

3. 目につく西日本との共通種

　初めて沿海州を訪れたときには，現地の植生にほとんどといっていいほど予備知識がなかった。外国だから日本の植物図鑑を持っていってもしょうがないだろうと思いながら，平凡社の『フィールド版 日本の野生植物 草本』をスーツケースに入れた。

　ところがこれが大正解。現地で見る植物の多くはこの図鑑に載っている。それも，よく似た近縁種というわけではなく，まったく同じ種であることが多かった。考えてみれば日本海を隔てて隣国。あたりまえといえばあたりまえだ。

　日本では稀にしか見られない種が，ごく普通にはえていたりすることも驚きだったが，もっとびっくりしたのは，北海道との共通種もさることながら，日本では九州や中国地方など，本州中部以西にしか見られない植物にいくつも出会ったことである。

　キスミレ Viola orientalis（山梨県以西），シオン Aster tataricus（中国地方以西），ヒゴシオン Aster maackii（九州地方特産），ヤツシロソウ Campanula glomerata（九州地方特産），ハナカズラ Aconitum ciliare（九州地方特産），ツチグリ Potentilla discolor（愛知県以西），ヤマジノギク Aster hispidus（静岡県以西）などがその例である。

　西日本にしか分布していないというと，南方系の種だと考えがちだが，沿海州は札幌と同じ緯度，年間平均気温は旭川よりも低い。そこにこれらが生育していることを考えると，これらの種の分布を規定している要素は気温よりも別のなにかだろうと考えることができる。シオンなどは栽培すれば北海道でも東北でも問題なく育つ。

　これらの植物がはえているところは，西日本でも山焼きで維持されているような草原が圧倒的に多い。そのあたりにカギがありそうだ。本来大陸的な草原を好む植物たちが，日本列島のなかに草原を見つけて生き残っていたとしても納得できる。しかし，それらのうちいくつかが，なぜ西日本にだけ残り，東北や北海道に残っていないのか。

むろん，沿海州との共通種のなかにも，北海道から九州に広く分布しているものもある。レンプクソウ *Adoxa moschatellina*，リュウキンカ *Caltha palustris* var. *nipponica*，スミレ *Viola mandshurica* などがその例だ。また，ミコシギク *Leucanthemella lineare* のように，西日本に限らず，東は関東まで分布が延びているものもあれば，タガソデソウ *Cerastium pauciflorum* のように本州中部の内陸部だけに分布が限られるものもある。

　面白いのはシロスミレ *Viola patrinii* である。日本では愛知県より東北の本州から北海道に基準変種のシロスミレ，滋賀県より西南の本州，四国，九州に変種のホソバシロスミレ var. *angustifolia* が分布している。大陸ではあまりこの変種の概念は使われないが，写真などで見る限り韓国に分布しているのはホソバシロスミレの型で，沿海州で見かけるものはすべてシロスミレの型だ。

　この事実から，どうやらホソバシロスミレは対馬を経由して朝鮮半島から，シロスミレは宗谷海峡を経由してサハリン，もしくは千島を経由してカムチャツカから日本列島に入ってきた系統ではないかと考えてみたくなる。

　ホソバシロスミレの分布の型は，最初に挙げた西日本との共通種によく似た分布型である。すなわち，滋賀県を東北限とし，四国，中国，九州に分布する。どこも，生育地は少し標高のある草原ばかりだ。

　リュウキンカやスミレなど，北海道から九州まで分布する種も，形態には顕著な違いは知られていないが，よくよく調べれば同じような2系統が見つかるかもしれない。

　いずれにしても，沿海州と西日本の関係は，どうやら対馬，朝鮮半島経由で行き来した植物たちの歴史が，深く関っていることだけは間違いなさそうだ。

4. 沿海州に雨や雪が少ないわけ

　第1節で見てきた通り，沿海州は日本列島と比較して，雨や雪が少ない。そのわけを少し考えてみよう。

第4章 沿海州の気候と植生　163

図9　ミコシギク　日本国内では，主に西日本の湿地に稀産する。海岸の湿原で見られた。

図10　タガソデソウ　日本国内での分布は長野県の一部に限られる。

その前に，我々のすむ日本列島の気候がどういう特徴を持っているか考えてみたい。まず，北緯 40〜43 度付近に位置する世界の諸都市の年間降水量を比較してみよう。

トゥールーズ（フランス）　　675 mm
フィレンツエ（イタリア）　　842 mm
ニューヨーク（米国）　　　1,129 mm
オタワ（カナダ）　　　　　　862 mm
ウラジオストク（ロシア）　　722 mm
札幌（日本）　　　　　　　1,095 mm

このなかではウラジオストクはトゥールーズについで降水量が少ないが，取り立てて少ないというわけではない。むしろ，札幌はニューヨークと並んで 1,000 mm を超える降水量の多い都市だ。そのうえ，東京が約 1,500 mm，新潟が 1,800 mm，宮崎の 2,500 mm を見れば，沿海州に降水量が少ないというより，日本列島に降水量が多いという言い方の方が，世界的に見ると正確な表現だろう。

さて，日本列島に降水量が多い原因はなんだろうか。まず，第一に起伏の激しい地形が挙げられる。切り立った山岳地帯に湿った空気がぶつかれば，雨や雪が降りやすい。しかし，沿海州にも，日本アルプスほど急峻ではないにせよ，2,000 m を超す山岳地帯もある。この地形だけが日本列島に雨が多いわけではなさそうだ。

東京の降水量のピークを見ると，9 月が最も多く，次いで 6 月となる。これはいうまでもなく台風と梅雨の影響だ。6 月と 9 月ごろ，日本列島の上に前線帯がかかり，これが梅雨前線，秋雨前線となり，さらには台風の通り道になる。

一方，ウラジオストクの降水量のピークは 8 月である。この前線帯が太平洋高気圧に押し上げられ，8 月に沿海州付近にやっと到達する。雨の季節が 2 度ある東京と 1 度しかないウラジオストクでは当然東京の方が降水量が多い。しかし，この点は高緯度に位置する北海道も似たり寄ったりだ。北海道に梅雨がないといわれるのも同じ理由である。

もうひとつ日本列島の降水量を増やしている要素に冬の降雪がある。日本列島の降雪量は世界一といわれる。1927年に伊吹山の測候所が観測した最深積雪 1,182 cm は世界記録だ。

　西高東低の冬型の気圧配置になると，大陸からの冷たく乾燥した風が日本列島に降雪をもたらす。問題はこの北風が日本列島に到達するまでに日本海の上を通るという点だ。日本海には対馬海峡を通って対馬暖流が流れ込む。これによって，気温に比べて海水温が高く，この上を通ってくる季節風は，日本列島に到達するころにはしっとりと湿り気を含んだ風になっているわけである。これが，急峻な脊梁山脈にぶつかったときに大雪が降る。

　もし，日本海がなかったら，日本列島に吹きつける季節風は乾いたままで，積雪はほとんどないだろう。また，もし日本海に対馬暖流が流れ込まなかったら，多少の雪は降ったとしても，これほどの降雪はないだろう。

　現在の日本列島に降水量が多いのは，さまざまな条件が重なった結果だ。しかし，それは地質学上の時間の流れで見た場合には，わずか1万年程度の暫定的な状況にすぎない。

5. 氷期の日本列島と沿海州

　前節で見てきたように，現在の日本列島は降水量が多い。放っておけば，西日本の平地の大部分はシイ・カシ林に覆われてしまう。沿海州の草原にはえるような植物が生活できる場所は，日本列島にはそう多くない。

　しかし，これは現在の日本列島のいわば暫定的な状況である。沿海州との共通種が西日本に残っているということは，西日本にも現在の沿海州に似た気候の時代があったのではないだろうか。

　約2万年前の最終氷期，平均気温は現在よりも7℃ほど低かったといわれている。現在の阿蘇山の年間平均気温は約10℃，ウラジオストクは4℃である。そのころに阿蘇山が存在したかどうかはともあれ，同じような標高のところがあれば，ほぼ現在のウラジオストクと同じような気温のところがあったと考えてもいい。

一方，寒冷化にともなって海水面は退行し，対馬海峡がほとんど陸地化していたといわれる。たとえ，わずかに海峡が残っていたとしても，現在のように対馬暖流が大量に流れ込むことはない。これによって，日本海は日本列島に湿潤な風をもたらす役割をしなくなり，現在のように冬期に多量の降雪があることはなかった。

夏期の前線帯も，今よりずっと南に位置していたとすれば，現在の沿海州と同じように，盛夏にわずかにかかったとしても，梅雨や秋雨のような多量の降水をもたらすことはなかった。

これらを総合して考えると，最終氷期の西日本は現在の沿海州によく似た気象条件だったことは間違いないだろう。

もうひとつ，沿海州との共通種にとって，この最終氷期に起こった事件がある。それは2万6,000年前ごろに起こった姶良火山の噴火である。これは，現在の桜島に位置する火山で，北海道でも火山灰が確認されるほど大規模なものである。

この噴火により少なくとも西日本一帯の森林が破壊され植生はリセットされた。この噴火によって沿海州との共通種は勢力を拡大したに違いない。破壊された森林が草原から疎林へと遷移する過程は，沿海州との共通種にとって最高の生育環境である。沿海州との共通種の分布図を眺めてみると，この姶良層の分布とよく似ている。

しかし，この噴火の影響が直接2万6,000年後の現在の植生につながっているわけではない。少なくとも1万年前ごろには，日本列島に噴火の爪あとはすっかりなくなり，気候も現在に近いものになっていたはずである。その後，沿海州との共通種がどうやって日本列島に生き残ってきたのだろうか。

6. ふたつの火山と縄文人

姶良火山の噴火は，最終氷期の日本列島の植生に大きな影響を与えただろうが，それが直接現在の植生を形づくる要因となったとは思えない。2万6,000年という時間はどう考えても長すぎる。

1万年前ぐらいには，沿海州との共通種は再び勢力を弱めつつあったのではないだろうか。この時期最終氷期は終わり，気温も現在より2〜3℃低い程度まで温暖化が進んでいた。沿海州との共通種は，西日本に森林の発達しにくい特殊な環境を見つけて命脈を保っていたに違いない。

その後，縄文時代には現在よりも気温が高い一時期がある。日本列島はうっそうとしたシイ・カシ林に覆われ，沿海州との共通種はますます生活しにくくなったはずである。いったい，沿海州との共通種はどうやってこの時期を生き抜いてきたのだろうか。

そのカギは，1万3,000〜1万2,000年前ごろに始まったとされる縄文人の活動にある。縄文人の遺跡は集落の遺跡である。一定の人口のある集落がある期間存在すれば，その周辺の森林は薪炭林として伐採される。伐採された森林は日当たりのよい草原となり，沿海州との共通種に最適な環境となる。再び森林が形成されるころ次の林が伐採され，この遷移を繰り返す。すなわち，里山の原型のような半自然植生が縄文時代にすでにあったと考えられる。

時代を下れば下るほど，集落の規模が大きくなればなるほど，安定した里山環境が出現しただろう。温暖化し森林が発達する日本列島で，沿海州との共通種は縄文人の里山に生きる場所を見つけたに違いない。

加えて6,300年前ごろには，鹿児島県の南沖に位置する鬼界カルデラの噴火がある。姶良ほどではないにしろ，これも西日本一帯に火山灰を降らせた大規模な噴火である。

この噴火により，西日本一帯の植生が大きなダメージを受け，沿海州との共通種にとって生活しやすい状況が出現したに違いない。現在，共通種が西日本に多く分布しているのは，この噴火の影響が大きいかもしれない。と，同時に西日本の人口密度の高さが，安定した里山を広範囲に維持するのに有利に働いた点も見逃せない。

7. 里山はタイムカプセル

植物好きの人なら『万葉集』に登場する山上憶良の秋の七草を，知らない

人はないだろう。

　　萩の花　尾花　葛花　撫子の花　女郎花　また藤袴　朝貌の花

このうち,「尾花」はススキ,「撫子の花」はカワラナデシコ,「朝貌の花」はキキョウとするのが定説である。

この歌から想像するに,山上憶良が立っている場所は,ススキとヤマハギが優先し,そのなかに点々とキキョウ,オミナエシ,カワラナデシコが咲き,少し湿り気のある場所にはフジバカマ,隣接した雑木林の縁はクズに覆われている。そんな草原をイメージすることができる。

しかし,そのような草原は現在の日本にはごく稀にしか見当たらない。ススキが茂る草原を見つけたとしても,たいていは数年,せいぜい十数年放置された放棄水田か空き地である。そんな場所にはえてくる植物は,ススキのほかは,オオアレチノギクやヒメムカシヨモギ,そしてセイタカアワダチソウなどである。放置された期間が長くなると,アカメガシワやクサギなどの木本が入り込み,そのまま薮から森林へと遷移してしまう。クズやヤマハギ程度なら,このような遷移の途中に現われることもあるが,キキョウやオミナエシ,フジバカマなどが,こんな歴史の浅い草原や薮に姿を現すことはまずない。

この歌のイメージに会う草原を一度だけ見たことがある。しかし,それは日本でのことではなく沿海州でのことである。すべての種がそろっているわけではないが,少なくともキキョウとオミナエシがこんなに咲いている草原を日本では見かけたことがない。

降水量が多く気温の高い日本列島の平地では,自然状態で草原が維持されているところは極めて特殊な環境といっていいだろう。キキョウやオミナエシがはえているところといえば,たいていは山焼きされる「茅場」といわれる草原である。最も代表的なところは,熊本県から大分県にかけての阿蘇久住周辺,山口県の秋吉台そして福岡県の平尾台などである。これらの草原は有史以来,もしくはその起源がわからないほど古くから山焼きが行われ草原が維持されている。

現在ではこれらの草原の山焼きは,ほとんど観光目的となっているが,本

来は家畜のえさとして，田畑の肥料として，また屋根の材料として茅を確保するための生活に欠かせない草原だった。太平洋戦争前までは小型の阿蘇や秋吉台が日本中のいたるところにあったはずである。同じように十数年ごとに伐採される薪炭林と呼ばれる雑木林も，戦後急速に姿を消した。こういった雑木林も伐採時には一時的に草原になり，その後もよく手入れされればキキョウやオミナエシを育む環境になるはずである。

すなわち，日本列島では人類が適度に干渉を続けてきた里山という環境が，秋の七草にとっても良好な生育環境にほかならないということである。

ひるがえって，もし現在日本列島に人類がまったくすんでいなければ，キキョウやオミナエシはどうなっていただろう。本州の平地の大部分では，傾斜地や湿地など特殊な環境を除いて，うっそうとしたシイ・カシの照葉樹林に覆われていたはずである。こんな環境にはキキョウやオミナエシは極めて生活しにくい。はえていたとしても，現在と同じか，もしくはそれ以上に数の少ない特殊なめずらしい植物になっていただろう。

もし，そういった照葉樹林から人類が里山をつくり始めたとしても，里山の草原にキキョウやオミナエシがはえてくるかどうかは疑問である。

前節までに見てきたように，里山の起源は縄文人が定住し集落をつくり始めたときにさかのぼる。集落をつくり始めたときに，初めて長期的に維持される薪炭林や茅場が必要となるからだ。

その後の時代も，キキョウやオミナエシの咲く草原は日本人の里山のなかに脈々とタイムカプセルのように残った。山上憶良が立っていたのはそんな里山の草原だったのではないだろうか。

秋の七草のうちいくつかは，現在絶滅危惧種である。我々が「純日本的」と感じる野草のいくつかは，実はむしろ大陸に分布の本拠がある植物だった。それらが日本列島に生き残ってきた裏には，縄文時代以来日本人が維持してきた里山環境がある。日本列島が里山という環境を失ったと同時に，それらは玉手箱を開けた瞬間のように，絶滅へ向かって猛進を始めた。

沿海州の植物を見るということは，日本海の向こう岸から，日本の植生の過去と未来を眺めて見ることにほかならないのである。

8. 変幻自在のオキナグサ

　花が終わった後にできる冠毛が老人の白髪に似ているということでオキナグサという名がついた。日本では山焼きをされる草原や河原の岩の上などで見られる多年草である。

　北海道から九州まで分布し，かつては比較的よく見られた植物だったが，近年その数を減らしている。1日中日があたるような草原を好む植物だが，そういった環境が里山から姿を消してしまったからである。いくら自然が豊かに見えても，うっそうとした森林にはオキナグサは育たない。

　オキナグサの好む環境はいうまでもなく日本列島よりも大陸に多い。戦後中国東北部から引き上げてきた人たちにとって，オキナグサは中国東北部を思い出させる花として心に刻まれている人も多いと聞く。

　沿海州では日本のオキナグサと同じ *Prsatilla cernea* のほか，2種が普通に見られる。特に，ヒロハオキナグサ *P. chinensis* とオキナグサは混生することが多く，多くの場合雑種群落をつくっている。

　オキナグサの花は，小さめで暗紫褐色，下を向いて咲く。切れ込んだ葉の裂片の幅が狭いのも特徴だ。ヒロハオキナグサの方は花が大きめで，やや鮮やかな紫褐色。花は上を向いて咲く傾向が強い。葉の裂片の幅が広いのが和名の由来である。この点に気をつければ両者の見分けはさほど難しくない。

　しかし，現実には多くの場合，両者は混生しさまざまな中間型の個体があり，雑種とするべきか基本種とするべきか戸惑うようなケースが多い。それも，ときどき雑種が見られるというようなレベルではなく，混生している群落の多くは雑種群落と化しているといってもよい。この2種は，それほど簡単に交雑するのである。

　一方，日本のオキナグサ属の植物は，オキナグサのほかにツクモグサがあるが，こちらは限られた場所にだけ咲く高山植物で，オキナグサと混生していることはない。現在の分布から考えると，日本のオキナグサは純潔を保っているはずである。

しかし，面白いことに日本のオキナグサも個体ごとの変異はかなり激しい。花が上を向くものや下を向くもの，よく開かないものや開くもの。萼片(がくへん)の色も個体ごとに微妙な違いがある。これは，特に個体数の多いところに行くと実感することができる。

　さらに江戸時代の面白い資料がある。それは関根雲停が描いたオキナグサの花の変異である。15種のさまざまな色，形のオキナグサの花が描かれている。いくぶん園芸的に改良されたものであるかもしれないが，それにしても日本のオキナグサの花にはこれだけの潜在的な変異が潜んでいるということがわかる。

　現在の日本列島の里山にはオキナグサ属の植物はオキナグサしか生育していない。しかし，最終氷期の前後，日本列島がより大陸的な気候だったときには，沿海州と同じようにオキナグサとヒロハオキナグサが雑種群落をつくっていた可能性は高い。日本列島が現在のような気候になるにしたがって，ヒロハオキナグサは絶えてしまったが，オキナグサは生き残った。

　しかし，そのオキナグサは必ずしも純潔なオキナグサではなく，かつて頻繁にヒロハオキナグサと遺伝子交流をしていた時代の名残を留めているのではないだろうか。この点については予断を許さないが，日本のオキナグサのDNAのなかに，日本列島の歴史をひもとく鍵が隠されているかもしれないと思うと愉しい。

9. カワラノギクの故郷

　「野菊」という言葉は植物分類学的にはあまり意味をなさないが，大きくわけてシオン属 *Aster* を中心とするグループと，キク属 *Chrysanthemum* を中心とするグループに分けられる。

　ここで取り上げるのはシオン属を中心とするグループであるが，これも分類には諸説があって簡単ではない。ヨメナを中心とするヨメナ属 *Kalimeris*，ハマベノギクなどのハマベノギク属 *Heteropappus*，ノコンギクに代表されるシオン属 *Aster* を認める説もあれば，これらをすべてシオン属としてまとめ

る見解もある。近年の研究では後者の説が有力だが，中国やロシアの植物誌では依然として属を細かく見る前者の見解が取られていることが多い。

日本で前者の見解を取っている代表的な文献である『新日本植物誌』(大井・北川，1983)でこの3属の検索キーを引いてみると以下のようになる。

 K. 冠毛の長さは1mm以内で，冠状。 ヨメナ属
 K. 冠毛の少なくとも筒状花のものは剛毛状に伸長する。
  L. 筒状花の冠毛は剛毛状に伸長し，舌状花のものは冠状，はなはだ短い。 ハマベノギク属
  L. 冠毛片はすべて剛毛状に伸長する
   M. 総苞片は幅が狭い。舌状花は細く多列 ムカシヨモギ属
   M. 総苞片は幅が広い。舌状花は1～2列 シオン属

すなわち，ヨメナ属は冠毛がすべて短くて，花が終わった頭果が坊主頭のように見える。これをここでは「短冠毛」と呼ぶことにする。反対にシオン属やムカシヨモギ属は冠毛がすべて長くてざんぎり頭のように見える。これを「長冠毛」と呼ぶ。そして，ハマベノギク属は中心の黄色い筒状花につく冠毛は長くて，周辺の花びらのように見える舌状花のものが短い。これを「異冠毛」と呼ぶことにする。

属を分けるかどうかはともかく，この検索キーは日本列島ではかなり有効で，植物に少し通じた人なら誰でも，野菊の仲間を調べるときにはまず冠毛の長さをあたってみるのではないだろうか。

しかし，この検索表が体に染み込んだ日本人が沿海州の秋の野を歩くと，さっそく自然史カルチャーショックを受けることになる。どう見ても，ヤマジノギクと思えるような野菊を見つけて頭花を調べると，冠毛が長冠毛であることも多い。また，そうかと思えば日本のヤマジノギクと同じような異冠毛の群落にも出会う。

『極東ソビエトの維管束植物』(Plantae Vasculares Orientis Extremi Sovietici) によれば，シオン属とハマベノギク属をわけるキーは，一～二年草であるハ

図 11　ヤマジノギク　日本国内では静岡県以西に分布

マベノギク属に対して，シオン属は多年草である点だ。

『中国植物志』ではシオン属は筒状花が左右相称で舌状花の冠毛が筒状花と等しく常に毛状であるのに対して，ハマベノギク属は筒状花が放射相称で舌状花の冠毛は，長く毛状，短く膜状，あるいはまったくない，とされている。ちなみに，中国には多年草のハマベノギク属もあり，日本でも一般に二年草とされているハマベノギクなども，西の地方に行くにつれ多年草的な傾向を示す。ハマベノギク属の分類についてはまだまだ問題はたくさんあるが，本題ではないのでここではこれ以上深入りするのは止めよう。

この章の主役であるカワラノギク Aster kantoensis は，『新日本植物誌』でもシオン属にいれられている。ところが，二年草である点や総苞片が細長い点など，冠毛の状態以外はハマベノギク属にそっくりで，ハマベノギクやヤマジノギクと別にするには不自然極まりない。この点も，ハマベノギク属を認めずシオン属に含める考え方を支持する事実である。

いずれにしても，カワラノギクは関東地方や中部地方の大河川の中流域に

ある河原に特産し，1年に1度洪水に見舞われるような環境にしかはえない日本特産の植物である。河川の管理が進み，そういった環境が少なくなってきた現在では，絶滅が心配されている植物でもある。

ところが，沿海州にもこれとそっくりな野菊がはえている。それは中国と国境をなす湖，ハンカ湖のほとりだった。ハンカ湖はチョウザメもすむという大きな淡水湖で，湖畔の砂地には普通は海岸にはえるコウボウムギがはえていたり，より内陸の乾燥した環境に多いコウアンスミレがはえていたりする興味深いところである。

まず，波打ち際に枝いっぱいに花を咲かせている野菊が目についた。あるものは茎を直立させ，あるものは砂地に伏している。沿海州の山野のいたるところにはえているヤマジノギクにも似ているが，葉が細く少し繊細な印象だ。「カワラノギク」という思いがまず頭をよぎった。頭花を調べてみると，日本のカワラノギクと同じように長冠毛である。

極東ロシアのフローラにはカワラノギク，すなわち *Aster kantoensis* という名はない。もし，同じものが分布していたとすれば先に挙げた『極東ソビエトの維管束植物』の検索表に従い，ハマベノギク属にいれられているはずだ。すなわち「Heteropappus 某」という学名を持つはずである。

ウラジオストクに戻ってロシア科学アカデミー極東支部生物学土壌学研究所のハーバリウムで調べてみると，この植物は *Heteropappus meyendorffii* というファイルに収められていた。『極東ソビエトの維管束植物』の分布図によると，この植物の分布はハンカ湖周辺の低地に限られている。現地の学者の話だと，この地方は年間降水量こそ少ないが，夏期には大雨が降り，ノハナショウブの花が水に浮かんでいるかのような光景を目にすることもあるという。この点も日本のカワラノギクの生育環境によく似ている。

しかし，問題はこの仲間の分類自体が必ずしもすっきりしたものではなく，中国でもロシアでも混沌としていることである。日本を含めて，この3国の文献を読み比べてみても，極めて整合性が低い。ウラジオストクのハーバリウムでは *Heteropappus meyendorffii* というファイルに収められていたものの，『極東ソビエトの維管束植物』の記述とはくい違うことも多い。むしろ，

Heteropappus biennis に近い。また，『中国植物志』にも *Heteropappus meyendorffii* の名はあるが，これもどうも違うものを指しているようである。こちらに従うと，むしろ，*Heteropappus tataricus* という種が，ハンカ湖畔で見たものに似ている。

いずれにしても，日本特産といわれるカワラノギクも，日本で独自に分化したものではなく，むしろ大陸の湖畔や原野が故郷であり，島国となった日本列島で故郷に似た環境を大河川の河原に見つけて命脈を保ってきた植物であるらしいことがわかってきた。

[引用・参考文献]
Charkevicz, S. S. 1987. Plantae Vasculares Orientis Extremi Sovietici.
小田静夫. 1991. 考古学から見た噴火が人類・社会に及ぼす影響. 第四紀研究, 30(5)：427-433.
小椋純一. 2001. 明治前期における日本の植生景観. 日本列島の原風景を探る(小椋純一・高原光・大井信夫・鳥居厚志・河村善也・大住克博編著), pp. 175-219. 京都精華大学創造研究所.
大井次三郎著・北川政夫改訂. 1983. 新日本植物誌 顕花編. 1716 pp. 至文堂.
大井信夫. 2001. 近畿地方における最終氷期後半の植生復元. 日本列島の原風景を探る(小椋純一・高原光・大井信夫・鳥居厚志・河村善也・大住克博編著), pp. 11-48.
辻誠一郎・小杉正. 1991. 姶良 Tn 火山灰(AT)噴火が生態系に及ぼした影響. 第四紀研究, 30(5)：419-426.
王恵君 編. 1985. 中国植物志 第 74 巻, pp. 110-127. 科学出版社.
安田喜憲・三好教夫編. 1998. 図説日本列島植生史. 314 pp. 朝倉書店.

後書きにかえて

植田　邦彦

3冊の本

　大学4回生の初夏のころのことである。当時の学生にとっての物価水準からいけば破天荒な価格の植物自然史関係の著作が3冊ほぼ同時に出版された。そのうちの1冊が序章で言及した，当時まだ三十台後半だった堀田満による『植物の分布と分化』であった。そして故　田村道夫の『植物の系統』と河野昭一の『植物の分化と適応』とであった。植物分類学の新しい分野に挑戦していた彼らは植物分類学界の三悪人とも一部で称されていたほどのバリバリの中堅研究者(当時)であり，そんな彼らの渾身の著作であった。そのうえ，出版後すぐにその出版社が倒産するおまけまでついて，何かと賑やかな状況であった。

　魅力的な本ではあったが3冊とも購入すれば月の全収入の半分を超してしまい，到底無理だとあきらめるしかなかった。ところが，よく遊びに行かせていただいていた堀田先生の部屋でだべっているうちに，いつのまにか3冊とも鞄に収まってしまっていた(著者割という言葉だけが記憶に残っているのだが)。

　大学院進学を考えていた私は院入試直前の夏休み期間に，屋久島宮之浦岳登頂を含む植物野外実習が1週間と，趣味の北アルプス縦走1週間を予定しており，夏休み前に集中して受験勉強をしておかねばならない時期であった。競争率は例年4～5倍ほどであり，受験勉強が必要だったのである。にもかかわらず，内容から考えて受験には直接関係しないであろうこの3冊を，灼熱の京都盆地の扇風機しかない六畳一間の下宿で，つい読み始めてしまった。結局，ほぼ徹夜して1日ごとに1冊を読んでしまった。それほど没頭してしまった。

分類地理学との出会い

　案の定，院入試の一次には通ったものの二次試験には落ちてしまった。植物園をがっかりしながら散歩していた私に，二次志望の部屋の教授から「(合格者がいないので)学年が空いてしまう。あんまりええことやないんで，来てみるかぁ」との声が。

　まさか行くことになるとは思ってもいなかった分類地理学研究室での研究テーマはおよそ何も考えていなかった。一次志望の部屋でのテーマしか頭になかったからである。大学3回生になるまで植物にまったく関心のなかった私には「分布」や「適応」をテーマにするなんておよそ不可能と思われ，理論的な勉強である程度カバーできそうに思えた「系統」をテーマに選ぶことにした。分類地理分野に関連する知識はこの3冊だけだったからである。必然性も将来への展望もない，まったくいきあたりばったりの消去法的決定であった。

　被子植物の最も初期の花の形態を強く残していると当時推定されていたモクレン科の花の比較解剖学的な研究を進め，維管束走向の解析で学位をとった。その過程で材料とした日本のモクレン科各種の分類学的な認識にあまりにも誤謬が多いことに驚き，比較形態学とは直接は無関係ながら，分類学的な研究にも手を拡げた。

　日本准固有のオオヤマレンゲ(図1)は大陸のオオバオオヤマレンゲと一見するだけで明らかに違う分類群であることがわかるのに，まったく区別されていなかった。学名はオオバオオヤマレンゲにつけられていたので，よく知られている分類群であるにもかかわらずオオヤマレンゲをオオバオオヤマレンゲの新亜種として記載することになってしまった。固有種シデコブシ(図2)は中国原産とまで一部でいわれていたうえに，萼がない，などととんでもない記載がなされていた。萼片は肉眼で問題なく見えるのだが。一方，事実上まったく認識されていなかったコブシモドキの詳細な記載を行った。本種は徳島県で発見され，地方誌に新種記載されたため顧みられることがなかった。原記載を書かれた阿部近一先生と発見地を何度か調査したりしたが，とうとう再発見できず，野生絶滅といわざるを得なかった。そこで原記載時の

図1　オオヤマレンゲ

個体の挿し木が大きく育ったものを基に詳細な記載を行ったのであった（Ueda, 1986）。

　国内で見ている限りにおいて同定にいっさい困難がともなわない種は，見ただけで判別できるため，詳細な観察が疎かになる傾向があり，ごくごく初歩的な事実認識すらできていなかった好例であった。当時すでに日本の植物の分類学的な基礎的記載は「終わった」と，したがって分類学はもはや不要とまであちこちで叫ばれていた時代だったにもかかわらず，である。同じような例はその後も何度もでくわしたものだ。

　さて中国原産ともいわれていたシデコブシの分布を詳細に明らかにしようと試みた。尾張，東濃，東三河と，車の助手席に道路マップと2万5,000分の1の地図を置いて走り回った，数年をかけた調査だった。この過程で自生地の環境に対する認識が高まり，周伊勢湾地域に広く見られる砂礫層が地表面を形成している地域に見られる低湿地と，シデコブシとが強く結びつくことが確信できた。同じ環境でいつも見かける特徴的なほかの植物にも興味を

図2　日本固有種シデコブシ。萼片が明瞭に存在している。

惹かれ，それらをあわせて東海丘陵要素という概念を提唱した。この東海丘陵要素の起源と進化について書かせていただいたのが『里山の自然をまもる』と北海道大学出版会で現在まで続くシリーズとなった『植物の自然史』の執筆部分とであった。

系統地理学的研究

その後，本書の著者の一人である長谷部さんに，当時日本ではようやく動き出したばかりの分子系統学的解析方法を半年に渡って内地留学をして教わる機会を得た。比較形態学ではなく分子系統学的な方法論を用いて，本来のテーマである大系統解析に専念した。葉緑体の起源の解析，などということもやってみた。

金沢に移ってから始めた仕事に高山植物の系統地理学的解析がある。分子系統学的解析ではあるが大系統ではなく，種内，近縁種間解析を試みたので

ある。白山を西南端とする中部以北の高山帯から千島，アリューシャンにわたる地域の高山植物の種内・近縁種間系統を解析し，日本の高山植物の自然史にせまろうと考えたのだ。特徴的だったことは，その後のほかの研究グループの成果をあわせてかなりの種数のものが，白山・中部山岳・東北南部地域と東北北部以北とに系統が大きく2分されることだった。これの意味するところは，複数回の南下によって高山植物が日本列島に残存しているのだということと解釈された。すなわち，一度日本列島に拡がった氷期の南下植物群は，間氷期を経て，次の氷期に下ってきた新たな個体群や近縁種との競争に北海道・東北北部では負けてしまって滅んだのである。しかし東北南部以南では古いタイプが残存でき，それらが現在，東北南部の山岳地帯から中部山岳・白山地帯に見られると結論づけた。当時の研究としては系統地理学的解析の嚆矢となる画期的な研究で，米国セントルイスでの二十世紀最後の国際植物会議に招待講演として発表させていただいた。丹念にこの研究に没頭し学位のテーマとしてこの研究を完成させた藤井紀行君(現 熊本大学准教授)と共著で，これも同じシリーズの『高山植物の自然史』に書かせていただいた。

　また阿寒町教育委員会(現 釧路市教育委員会)からの委託でマリモの大系統解析と系統地理学的な研究にもたずさわり，大きな成果を挙げることができた。しかし非常に残念なことに単年度ごとの成果とは別に，5年を超える成果全体を纏めて論文にして送ったものの，掲載されるべき阿寒町教育委員会が発行する冊子が出版されないままに今に至っているのは何とも悔しいことである。原稿は今でもパソコンのなかのファイルとして残ったままだ。

　ちなみにマリモは名前の通り，まさに「毬藻」ということから命名された和名である。しかし，ごく一部のケースをのぞき，一般には普通の「藻」として存在している。球形になるのは生育場所の主として物理環境に関係しているようで，例外的なものと考えた方がよい。ましてや特別天然記念物に指定されている阿寒湖のマリモほど大きくなる例はない(最大直径30 cmを超える)。次に大きいマリモが普通に見られるのはアイスランド北部の火山性のミーヴァトン湖で，ここには5 cm程度のマリモがわんさとある。これ以外

となると球の形も多少いびつになったりするし，とにもかくにも小さい。日本周辺で見ると下北半島の左京沼やサハリン(樺太)のスヴォボドノイエ湖(トウバ湖)などでそうしたものが知られている。この2か所では昔は小学校の遠足などでみんな土産にひとつずつ持って帰ったとのことである。しかし，そのことは忘れ去られ，左京沼ではごく近年再発見されるまで，「藻」のマリモはあるが，「毬藻」はないと思われていたようである。

　ところで，それなら熱帯魚屋で売っているマリモや，北海道土産の定番のマリモはいったいどういうことなのかと思われるかもしれない。熱帯魚屋で時に売られているマリモは実は本当の「毬藻」である。バルト海沿岸からヨーロッパロシアにかけての地域から輸入しているらしい。あの程度の大きさの毬藻なら各地にあるというわけである

　一方北海道土産のマリモは全然違うのだ。生物学的にはまったく同一のマリモだが，自生や栽培の「藻」のマリモを採取し，それを機械的にもつれあわせてから丸め，あのように球形にしているのである。毬藻が球の中心から全方向に糸状体(=「藻」)が伸びて全体として球形になっているのに対し，土産物用のマリモは糸がからまりあって丸く整形されているのである。光線が強く当たるところなどに置いていて無精髭が伸びているような感じになってきたら水から取り出して手でだんごをこねるように丸めてやるとよい。そして直射日光の当たらない程度の少し暗いところに置いておこう。きれいな球形の毬藻が長年楽しめる。

　実はマリモは，日本でも世界でも，氷河の跡にできた湖か，火山によってもたらされた塞き止め湖か，もしくは縄文海進後の海跡湖にしか見られない。だからそれらの立地環境の成立は1万年前より新しいことになる。そうしたなかで唯一の例外が，世界で最も古い湖のひとつである，琵琶湖であった。琵琶湖のものは分子生物学的にもほかのマリモと異なり面白い対象なのだが，その後の解析ができないままになっているのは何としても惜しいことである

(羽生田・植田，1999)

「日本海要素」の研究

　金沢にいると，否応なしに日本海要素を毎日目にすることになる。太平洋側とフロラがまるで違う，というのではない。似ているのに微妙にかなり違う，という何ともいえない違和感を感じる違いである。もっともこの程度の違和感というのは京都が基準だからかもしれない。植物に初めて親しんだのは京都であり，いまも私個人の基準は京都の植物たちだ。だから，関東平野の経験しかない人がいきなり日本海側の植物を見る場合よりは，はるかにギャップは小さい。京都市は位置的には日本海側ではまったくないが，観光地として賑わっている貴船や鞍馬では日本海要素を散見することになる。ましてやわずかに北上して北山に分け入ると山並みが日本海まで延々と続き「日本海側」が地形的にも植物相的にも京都まで完全に連続していることを実感する。とはいえ，さらに北に向かい，例えば丹波若狭の国境にある芦生演習林まで行ったならオオバクロモジが見られるかというと，やはり葉の大きいクロモジだといわざるを得ない。京都には逆にいえば「完全な」日本海要素はそれほどはないことになる。

　一方で，幼少期から高校までを過ごした阪神間ではピクニックといえば海からすぐに突き上げる六甲山であるが，その1,000ｍにも満たない六甲山系の主稜線を越えて有馬温泉側に足を踏み入れるだけでタニウツギが見られ，さらにそのまま丹波山地を経て日本海につながる。京都どころか神戸でもこのような環境なのである。

　そして，金沢までくるとさすがにオオバクロモジと断定できることになるが，新潟県まで足を延ばすと同じオオバクロモジと呼んでいいのか，およそ疑念をもたざるを得ないほど葉は大きくなる。逆にいえば新潟のものをオオバクロモジとすれば，金沢のものをオオバクロモジと認識してよいのだろうかと考え込んでしまうほどである。日本海要素とひとくくりにいってしまうと何やら簡単なことのように思えるかもしれないが，このように山陰，近畿北部，北陸，新潟，東北日本海側と決して均一，単純ではない。これは一度や二度歩いたぐらいではわからないことでもある。いずれにせよ気をつけねばならないことは，日本海要素が太平洋側要素から徐々に変わってゆくので

はなく突如として変わるのは関東平野から北西に進んで日本海側に出た場合だけであり，そのほかの地域ではどこにおいてもそんなに明瞭な変化はないということである(後述)。

まさに，日本列島の植物地理を語る際に避けて通れない大きな命題としての日本海要素であるが，依然として未解決のままの課題でもある。そして今回はこのテーマでの執筆依頼をした方がとうとう最終的には引き受けていただけず，本書に大きな穴があいてしまった。ひとえに編者である私の責任である。そこで，ごく表面的にここで紹介しておきたい。

日本海要素は直感的には非常にとっつきやすい概念である。特に関東平野で植物を見て育った人には「国境の長いトンネルを抜けると雪国であった」に代表されるように，日本海側に入った途端に景観は一変する。木々は大きく様相を変え，その変化は劇的で太平洋側と比べて感覚的に明らかに日本海側という地域を感じることであろう。見ただけで実感できるその特徴を以下に列挙してみる。

太平洋側で喬木であったものが日本海側では灌木になる。一部はさらに伏条性を獲得したり，這ったりすらする。チャボガヤ，ハイイヌガヤ，ツルシキミ，ユキツバキなどが好例となる。あまり例として言及されないがシキミやタムシバも明らかにこの範疇に入る。落葉性の樹木では葉の大形化が見られる。クロモジに対するオオバクロモジなどが好例となる。ブナでも太平洋側のものと比べるとはるかに葉が大きくなり，変異が連続するため種内分類群として分けることは通常ないが，明らかにクライナルな変化が見られる。「オオバ」になるのは草本でも同じ例があり，例えば，常緑のものだが，太平洋側のイワカガミや各地の高山帯に見られる直径1cm程度の葉のコイワカガミから能登半島などの低山の林床に見られる，人の顔大の葉のオオイワカガミまでが見られるという極端な変化があるものもある。一方で常緑の樹木では葉の小形化が見られ，アオキに対するヒメアオキなどが挙げられる。

こうした日本海要素の形態変化，特に灌木化や伏条性の原因としては一般に積雪の影響がいわれてきた。典型例のひとつは例えばスギである。太平洋側のもの，すなわち表杉はまっすぐな樹幹で建築材としても一級である。一

方で，ほかの多くの針葉樹同様に先端が折れると多くは枯れてしまい，腋芽が伸びて新しい主幹になることはない．ところが日本海側の裏杉は先端が折れても腋芽が伸びて新しい主幹になり，全体として灌木(樹高が高いのでこうはいわないが)のように何本もの主幹がある樹形になる(図4)．さらに伏条性があって，下部の大枝が地面に接して発根したりもする．すなわち裏杉は，針葉樹ではそれほど例のない，著しい伏条性を示すのである．斜面に生えている個体の場合は，日本海側の森林でよく見かけるように，幹の下部が雪の重みでいったん垂れ下がり，太く成長してからようやくまた上昇するため，根際はＪの字の形になっている(図3)．さらに下部の枝も，たとえ十分に太い

図3　雪の重みにより下部が曲がっている木々

ものであっても同様に垂れ下がっており，接地したところから発根してまた伸び上がっていることがある。場合によってはこのような伏条性を示す枝が1個体に10本以上もあって，巨大なタコのような様相を示すことも珍しくない(図4)。園芸的にこの性質を利用しているよく知られている例が，京都北山の名を冠した北山台杉である。このような形状は表杉ではあり得ないことだ。なお現在は日本海側でも表杉を植林しているので，裏杉を観察するためには天然杉を探す必要がある。

　ここに述べた特徴は，感覚的にはどう見ても積雪の影響としか思えないものである。実際，太平洋側から日本海側にかけて地形に大きい変化やギャップがない中部地方で見ていくと，積雪50 cmライン以北になると日本海要素が明らかに目立つし，同一種内で比較するとラインを境にかなり急激な変化が見られる。だから積雪の影響を考えざるを得ないわけである。

図4　裏杉。これでまぎれもなく「1」個体である。下部はタコの足のようになっている（伏条はしていない）。中央最下部は人。

このようにして，日本海要素は誰しもが実感できる積雪に対する環境適応として認識される一方で，その真の要因についてはさまざまな見解がある。それどころか日本海要素は幻影とまでいいきる研究者もいるほどで，なかなかに実際は手強い概念である。

　ただ，多くの研究者が認識はしていながらついうっかり忘れて考察してしまうことが時にはある事実を指摘したい。それは，ここまでに紹介した内容ならびに説明の書き方は，明らかに太平洋側を中心にした見方である，ということである。太平洋側の特徴が基本で，それが日本海側では変化している，ということをアプリオリな前提としているのである。

　考えてみるとそのように進化の方向づけをすることに何の根拠もない。日本海側の特徴から太平洋側の特徴が分化したのかもしれないし，種によってはいずれもあるのかもしれない。南方もしくは北方から本州に分布を拡大する過程で中間的な形質の祖型から両者に分化していったのかもしれない。そもそも日本海要素という用語自体に太平洋側が基本という考え方が明らかだ。そのうえ，最初に述べたようにこの二分して認識する考え方は大きく見れば全国的にも正しいが，地域によってはそれほど明確ではない。京都市を考えてみると日本海側から北山がとぎれることなく続いており，京都盆地の北端あたりまで普通に日本海要素が足を延ばしている。目の前が瀬戸内海ですぐに裏山として六甲山系が控える神戸市では六甲山系の北側に入っただけで日本海要素を目にすることができる。日本列島の背稜山脈を境にきれいに二分されるというのは幻想である。東北北部では太平洋側にまで日本海要素が分布を拡げていることはよく知られているし，逆にそのことが日本海要素と雪の影響を考えさせることにもなっている。

　タムシバを例にしてみる(図5)。タムシバは種として日本海要素と解釈できる点は分布型からもほかからも，およそない(タムシバ自体を二分することはできるが，それは意味がまったく違う。下記参照)。しかし，著者が指摘するまではかなり多くの植物誌などでタムシバを日本海要素として扱っていた。これは分布図を詳細に見るとすぐに原因が判明してくる。全国的にはまんべんなく，太平洋側も含め，全域に分布するタムシバであるが，大きく抜けている

図5 タムシバ。上：灌木であることがわかる。下左：日本海側のタムシバの葉の大きいさま。下右：花

図6 日本海要素の植物。上：トガクシソウ(メギ科トガクシソウ属。日本固有単型属)，中左：タチツボスミレ近縁種(未記載種で通称，山陰型タチツボスミレ)，中右：シラネアオイ(シラネアオイ科シラネアオイ属。日本固有単型科)，下：イソスミレ

ところがある。関東の平野部にはまったく分布しないのだ。これはタムシバが近縁なコブシと比べて山地に偏して生育する傾向が強いことからくることで，当然のことにすぎない。関東にはタムシバの生育適地がないだけのことである。日本海要素だから関東平野に見られないのではない。しかし関東から見れば日本海側に行けば見られる種だと認識することになりかねない状況ではある。

　実はあまり普及した概念ではないが，タムシバにはヒロハタムシバという日本海側変種を認めることが可能である。種としてのタムシバは決して日本海要素ではないが，一方で種内に日本海側変種が認識されるわけである。ヒロハタムシバは明瞭に灌木であり，樹高はせいぜい3m程度。葉は比較して明らかに大形で，花もずいぶんと大きい。太平洋側のものは主幹がたった喬木となり，葉は狭く小さく，花は比較して小さい。一例を挙げると，安曇野を北上すると積雪50cmラインである大町市あたりから北部にヒロハタムシバが見られるようになる。境界はかなり明瞭だ。

　このように日本海要素はとにもかくにも認識できる。決して虚構ではないのだ。ところが広く情報を集積してみると，この日本海要素は本当に要素として存在しているのか疑わしい事実が多数出てくる。多雪との関係はつねにいわれることであるが，多雪であるのは間氷期だけの特徴だ。氷期には対馬海峡は事実上閉じるので対馬暖流は日本海には入ってこない。したがって日本海側でも冬季の多雪は見られないのである。もちろん，大陸の日本海側は氷期，間氷期を問わず多雪ではない。

　さて，オオバオオヤマレンゲの現地調査をしに韓国に行ったことがある。幾つかの有名な山におもむいたが，林の木々を見て驚いた。日本海要素として知られる多くの落葉木の種がいずれも大きな葉をつけていたのである。京都を基準に見て大きかったのだから，これは明白に大きいことを意味する。朝鮮半島はいうまでもなく対馬暖流より大陸側であり，冬季は非常に寒冷ではあっても，多雪ではない。日本海要素の形態的な傾向が多雪に直接関係しているのであれば，当然朝鮮半島に日本海要素が存在していてはおかしい。

つまり，葉の大きさに関しては多雪原因説は採用できない。

　一方，日本海要素に関係する近縁種どうしや種内レベルの分子系統学的な詳細な研究が近年多々報告されてきている。それらの研究によれば，少なくとも太平洋側と日本海側にきれいに二分される例はかなり稀で，複雑な分化の過程が見て取れる場合がほとんどといってよい。氷期の各レフュージアから必然と偶然のはざまで分布を拡げて行く過程でさまざまな交雑も起こったであろうし，そもそも各レフュージアが純系に近かったのか，多様性に富んでいたのか，によってもその後の遺伝的多様性は大きく様相を変えるであろう。少なくとも二分説は成立困難な種が大半だし，一方の側から一方への分化もまず考えられないデータである。こうしてくると葉の大きさ等の外部形態や，灌木「化」や伏条性などの性状などから感じていた日本海要素はいったい完全な幻想だったのだろうか。それとも氏素性に関係なく環境適応なのだろうか。しかしそうだとすると韓国での事例との矛盾がまた問題となる。

　昨年 Otsuka et al. (2011) によって発表された例はどうであろうか。ザゼンソウの地域による花序色の傾向の違いである。これまで花の色の地域による変化は数少ない例でしか知られていなかった。有名なのはゲンノショウコの白花と赤花ぐらいであろう。ましてや花色が日本海側と太平洋側とで違う例は寡聞にして知らない。ザゼンソウでは積雪 50 cm ラインより日本海側では，仏炎苞に普通に見られる色である濃い紫色をした花序のものが多く，ひるがえって太平洋側には，仏炎苞は同じ濃い紫色のままだが，花序は淡黄色系のものが多いのである。単純な彷徨変異などの要因を想定することでは説明がつかないが，かといって適応的な意義もいまのところ見当たらない。いずれにせよ紫色の花序をもつザゼンソウは日本海要素として扱ってよいことは確かだ。日本海要素は本当に幻想であろうか？

植物地理学研究における標本の重要性

　植物地理学的な解析で一番重要なのは，ほかの科学一般と同じく，データである。どこに何があるか，が最も基本的な重要データであり，そのデータ作成ためにはひとつ一つの事実の積み上げしかない。現実的に最初に検討す

図7 ザゼンソウ近縁種として近年記載された稀産種ナベクラザゼンソウ。日本海要素である。

べき最重要データは標本庫に蓄積されてきた膨大な標本である。採集地点，高度，フェノロジーなどの情報が縦横に汲み取れ，そして何よりも重要なこととして同定について再検討がいつでも可能であることが挙げられる。標本作製法や保存状態によるが，DNA抽出も可能である。このような利点をもち，かつ即効性のあるデータはほかには存在しない。

　もちろんデメリットもあるが，圧倒的に情報量が豊富であり，地理的分布データを即座に纏めることができる。ある時点である種類の分布情報が必要だからと，独りでもしくは少数で，その時点から現地調査を尽くす，などということは現実的には時間的にも労力的にも金銭的にも絶対に不可能だ。しかも開発などで失われた自生地のデータは何をしても再現できない。

　また意外に顧みられていない大きい，そして重大な利点は，同定の再検討

である。どれだけ植物に詳しい人の情報であっても，思い違いや思い込み，などなど実際には間違っていたというケースは枚挙に暇がない。まして伝聞をや，である。出版されたデータであっても，そうしたケースはよくあることだ。しかし，証拠標本があればすべて再検討が可能だし，自生地がなくなった場合でも証拠として用いることができる。ましてや分類学的な見解が変わった場合等，標本がなければ対処ができない。DNAの分析データだけの結果に不審な点があっても，その証拠標本があれば検討できるが，証拠標本がなければ水掛け論になるしかない。

　ところが理解できないことに，これほど圧倒的な利点をもつ標本庫に悪意をもつ研究者がいまだに後を絶たない。不思議なことである。死んでしまった枯れ草を積み上げて何になる，などということを平気で主張する。上記に掲げた利点を科学的にどう評価するのであろうか。根本から非科学的な主張である。特に現在ではさまざまな社会的要請として，生物多様性問題や絶滅危惧種の問題が大きな課題となっている。標本庫の役割はますます増大する一方である。

　本書の原稿がほぼ出そろったころ，編集の方から概説を序章に，後書きには若い人向けに編者の研究史を書けと提案された。よほどの業績を挙げた研究者ならともかく，そんなことを書いても私では意味がないし，だいいち恥ずかしすぎると思ったのだが，結局後書きに書くべきほかのテーマが思い浮かばないまま締め切りを過ぎてしまった。編者の都合で出版をこれ以上遅らせるわけにはいかないので，とうとうその提案通りとなった。うっかり読んでしまわれた方はすぐに失念されたい。ただ，若い方には，たとえすぐに希望に沿わない環境だからといって投げてしまうのではなく，そのときそのときにおかれた立場で好奇心を存分に発揮すれば，興味が湧いてきて専念できることもあるのだと思っていただければ，編者の望外の喜びである。好奇心こそが科学の根本だと思うから。

羽生田岳昭・植田邦彦. 1999. マリモはどこから来たのか？　特集・マリモの生物学（植田

邦彦・若菜勇企画), 生物の科学 遺伝, 53(7)：39-44.
Otsuka, K., Suyama, C. and Ueda, K. 2011. Geographical variations in spadix color of *Symplocarpus renifolius* (Araceae) in Honshu, Japan. J. Jpn. Bot., 86: 156-161.
Ueda, K. 1986. Taxonomical note on a little-known species, *Magnolia pseudokobus* Abe et Akasawa. J. Phytogeogr. Taxon., 34: 15-19.
植田邦彦. 1993. 低湿地とその植物たち. 里山の自然をまもる(石井実・植田邦彦・重松敏則), pp. 69-102. 築地書館.
植田邦彦. 1994. 東海丘陵要素の起源と進化. 植物の自然史(岡田博・植田邦彦・角野康郎編著), pp. 3-18. 北海道大学図書刊行会.
植田邦彦. 1999. 特集に当たって. 特集・マリモの生物学(植田邦彦・若菜勇企画). 生物の科学 遺伝, 53(7)：38.
植田邦彦・藤井紀行. 2000. 高山植物のたどった道―系統地理学への招待. 高山植物の自然史(工藤岳編著), pp. 3-20. 北海道大学図書刊行会.

索　　引

【ア行】

姶良火山　166
アオイ科　110
アカマツ　160
秋の七草　167
秋吉台　168
アジア界　7
アジサイ科　29
アズマイチゲ　155
阿蘇山　165
アテロスペルマ科　98
アマゾン　3
アメリカウリハダカエデ　148
アメリカオガラバナ　148
アメリカハナノキ　148
アル―諸島　7
維管束植物　133
異冠毛　172
異所的種分化　24
イソマツ科　142
イタヤカエデ　154
遺伝子浸透　58
遺伝的浮動　26,42
移入　25
伊吹山　165
インコ類　6
ウェーバー線　8
ウォレシア　8
ウォレス　1
ウォレス線　7
ウォレミア属　111
ウスリースク・タイガ　154
ウツボカズラ科　137
裏杉　186
ウラホロイチゲ　155

ウリハダカエデ　148
ウリ目　134
エイサ・グレイ　9
エゾアオイスミレ　155
エゾエンゴサク　155
エゾキスゲ　160
エゾキンポウゲ　155
エゾノウワミズザクラ　160
エリアグラム　88,115
オウム・インコ類　7
オウム類　6
オオバオオヤマレンゲ　178
オオバクロモジ　183
オオヤマレンゲ　178
オガラバナ　148
オキナグサ　155,170
オーストラリア界　7
オミナエシ　160,168

【カ行】

塊茎　144
外部形態　127
海綿状組織　142
海洋島　25
化学成分　130
核　132
殻斗　49
隔離　5
隔離分布　86,124,130,146
花序形態　144
仮導管　142
花粉形態　130
茅場　168
カワラナデシコ　168
カワラノギク　173

カンアオイ 121
間氷期 21
冠毛 172
ギアナ高地 147
鬼界カルデラ 167
キキョウ 160,168
気孔 142
記載 121
キスミレ 155,161
季節風 165
北半球 146
キタミフクジュソウ 155
北琉球 27
共生 132
協調進化 65
共通祖先 126
『極東ソビエトの維管束植物』 172
ギンバイカ亜科 101
区系地理学 7,15
クサアジサイ属 29
クズ 168
クラドグラム 87
グレヴィレア亜科 104
黒潮 54
グロッソプテリス 85
クロバナウマノミツバ 155
グンネラ科 107
グンネラ属 107
系統地理学 180
系統地理学的解析 17
ケショウヤナギ 160
ゲノム 132
慶良間海峡 27
堅果 49
コウアンスミレ 174
コウボウムギ 174
古赤道 131
コブシモドキ 178
固有 5
ゴンドワナ植物 85
ゴンドワナ大陸 79,132,135,147

ゴンドワナ要素 8

【サ行】
最終氷期 165
サイトタイプ 45
細胞内小器官 132
柵状組織 142
ザゼンソウ 10,191
雑種群落 170
サッフル大陸 7
里山 169
サラワク法則 2
サワシバ 154
シイ・カシ林 165
ジオグラム 84,88
シオン 161
シオン属 171
シキミモドキ科 96
自然選択 2
シダ類 133
シデコブシ 178
シホテアリン山脈 155
姉妹群 39
シャクヤク 160
ジャワ 6
雌雄異株 42
周伊勢湾地域 179
重力散布種子 42
『種の起原』 2
証拠標本 193
小スンダ列島 6
縄文時代 167
縄文人 167
照葉樹林 169
植物区系 124
植物地理学 9
触毛 142
シロスミレ 162
針広混交林 155
薪炭林 169
浸透性交雑 29,59

『新日本植物誌』　173
スガワフビランジ　155
スギ　184
ススキ　168
スダジイ　29
スプリングエフェメラル　155
スペーサー　32,44
スマトラ　6
スミレ　162
スンダ大陸　6
制限酵素切断断片長多型　60,133
生物地理学　3
関根雲停　171
舌状花　172
セレベス　7
センボンヤリ　160
雑木林　169
双子葉類　127
走鳥類　7
総苞片　173
祖先形質　126,127
ソーティング　88
ソテツ　29
ソテツ科　29
襲速紀要素　17

【タ行】
第三紀　150
第三紀周北極要素　12
第三紀周北極要素の残存分布様式　9
第四紀　21,150
大陸移動　135,147
大陸島　25
大陸氷河　13
ダーウィン　1
タガソデソウ　162
タスマニア属　96
タツタソウ　155
タデ科　142
多年草　173
タムシバ　187

短冠毛　172
単系統群　34,126
単子葉類　127
地域植物誌研究　17
地質学的分布　5
チシマセンブリ　155
チャボガヤ　184
『中国植物志』　173
中立説　91
長冠毛　172
長距離分散　86,136,146,150
チョウザメ　174
チョウセンゴヨウ　154
チョウセンセツブンソウ　155
地理学的分布　5
ツガ　155
ツクバネカズラ科　140
ツクモグサ　170
対馬海峡　166
対馬暖流　165
ツチグリ　161
ツツジ科アセビ属　29
筒状花　172
ディオンコフィルム科　140
ディクロイディウム　85
定着　25
適応放散　25
テーチス海　84
テルナテ島　1
テルナテ論文　2
東海丘陵要素　180
東西両大陸隔離分布　9
島嶼固有種　58
東南アジア　3
トカラ海峡　27
ドクウツギ属　124
ドロソフィルム科　140
ドロソフィルム属　140

【ナ行】
中琉球　27

ナベクラザゼンソウ　192
南下(複数回の)　181
ナンキョクブナ科　91
ナンキョクブナ属　91
南方系植物　16
ナンヨウスギ科　111
ナンヨウスギ属　111
日華区系　15
二年草　173
日本海要素　183
ニューギニア　6
ネズモドキ亜科　101
野菊　171
ノコンギク　171
ノハナショウブ　174

【ハ行】
ハイイヌガヤ　184
胚発生　130
ハイマツ　155
ハエトリソウ　140
バオバブ属　110
白亜紀　147
派生形質　126,127
ハックスレー　7
ハナカズラ　161
ハナノキ　14,148
ハプロタイプ多型　44
ハマベノギク　171
ハマベノギク属　171
バリ島　6
バルディビア多雨林　86
ハンカ湖　155,174
ハンカ平原　155
パンゲア超大陸　84
東アジア　150
ビーグル号　4
ヒゴシオン　161
被子植物　127,133
ヒメアオキ　184
氷河期　8,21

氷期　21
標本庫　192
平尾台　168
ヒロハオキナグサ　170
びん首効果　26
複数回の南下　181
フジバカマ　168
フトモモ科　101
ブナ　155
ブナ科　29
ブビア属　96
普遍性　123
普遍的　123
プロテア亜科　104
分岐学　125
分岐生物地理学　82,88,89
分岐年代　124
分散説　82
分子系統学　127
分子時計　90,129,151
分断　86,136
分断生物地理学　79
分断説　79
分断地理学的解析法　17
分類群 - 地域分岐図　89
ベイツ　3
ペリー　10
ベーリンギア　13
ベーリング海峡　150
北米　150
北米東部　10
ホソバシロスミレ　162
補虫葉　137,141
北極圏　150
北方系植物　16
ボルネオ　6

【マ行】
マカッサル海峡　7
マリモ　181
マレー諸島　3

マレー半島　6
満鮮要素　17
『万葉集』　167
ミコシギク　162
ミズナラ　155
ミトコンドリア　132
南琉球　27
ミヤマスミレ　155
ムジナモ　140
無性芽　144
モウセンゴケ科　137
モウセンゴケ属　140
モチノキ科　29
モミ　155
モンゴリナラ　154

【ヤ行】
ヤエガワカンバ　160
野生絶滅　41
ヤチダモ　154
ヤツシロソウ　161
ヤマジノギク　161
ヤマナラシ　160
山上憶良　167
ヤマハギ　168
ヤマブキソウ　155
ヤマモガシ科　104
山焼き　168
有袋類　7
融和系統樹分析　90, 94
ユキツバキ　184
ユーラシア大陸　134
要素　16
葉緑体　132
葉緑体DNA　30
ヨメナ　171
ヨメナ属　171

【ラ行】
ライエル　5
ラウレリア属　99

ラウレリオプシス属　99
裸子植物　133
離生心皮　130
陸橋　22
陸橋説　82
琉球列島　21
リュウキンカ　155, 162
リンネ協会　1
歴史生物地理学　83, 89
歴史的生物地理学　15
レヒュージア　13
レンプクソウ　162
ローラシア大陸　84
ロンボック海峡　6
ロンボック島　6

【記号】
一〜二年草　172

【A】
Adansonia　110
allopatric speciation　24
Araucaria　111
Araucariaceae　111
Aster kantoensis　174
Atherospermaceae　98

【B】
Bubbia　96

【C】
Cardiandra　29
cladistic biogeography　83
concerted evolution　65
continental island　25
cytotype　45

【D】
dispersal theory　82

【G】
geogram 84
Grevilleoideae 104
Gunnera 107
Gunneraceae 107

【H】
Hennig 125
Heteropappus biennis 175
Heteropappus meyendorffii 174
Heteropappus tataricus 175
historical biogeography 83

【L】
landbridge 22
land bridge theory 82
Laurelia 99
Laureliopsis 99
Leptospermoideae 101

【M】
Malvaceae 110
matK 134
Myrtaceae 101
Myrtoideae 101

【N】
Nothofagaceae 91
Nothofagus 91

【O】
oceanic island 25

【P】
Phylogenetic Systematics 125
Pieris 29
Proteaceae 104
Proteoideae 104

【R】
rbcL 133
RFLP 60

【S】
spacer 44

【T】
Tasmannia 96
Taxon area cladogram 89
Too Many Lines 8

【V】
vicariance biogeography 82
vicariance theory 79

【W】
Winteraceae 96
Wollemia 111

執筆者紹介

朝川　毅守(あさかわ　たけし)
　　1965年生まれ
　　1988年　千葉大学理学部卒業
　　現　在　千葉大学大学院理学研究科助教　博士(理学)
　　　　　第2章執筆

いがり　まさし
　　1960年生まれ
　　1983年　関西学院大学文学部美学科中退
　　現　在　植物写真家・シンガーソングライター
　　　　　第4章執筆

植田　邦彦(うえだ　くにひこ)
　　別　記

瀬戸口浩彰(せとぐち　ひろあき)
　　1962年生まれ
　　1993年　東京大学大学院理学系研究科博士課程修了
　　現　在　京都大学大学院人間・環境科学研究科教授　博士(理学)
　　　　　第1章執筆

長谷部光泰(はせべ　みつやす)
　　1963年生まれ
　　1991年　東京大学大学院理学系研究科博士課程中退
　　現　在　基礎生物学研究所教授・総合研究大学院大学教授　博士(理学)
　　　　　第3章執筆

植田　邦彦（うえだ　くにひこ）
1952年生まれ
1981年　京都大学大学院理学研究科博士後期課程修了
現　在　金沢大学自然システム学系教授　理学博士
　　　　序章・後書きにかえて執筆
主　著　里山の自然をまもる（共著，築地書館，1993），植物の自然史―多様性の進化学（共編著，北海道大学図書刊行会，1994），高山植物の自然史―お花畑の生態学（分担執筆，北海道大学図書刊行会，2000），新しい植物分類学Ⅰ（分担執筆，講談社，2012）など

植物地理の自然史――進化のダイナミクスにアプローチする
2012年10月10日　第1刷発行

編　著　者　植田　邦彦
発　行　者　櫻井　義秀

発行所　北海道大学出版会
札幌市北区北9条西8丁目　北海道大学構内（〒060-0809）
Tel. 011(747)2308・Fax. 011(736)8605・http://www.hup.gr.jp/

㈱アイワード　　　　　　　　　　　　　　　　© 2012　植田　邦彦

ISBN978-4-8329-8205-5

植物の自然史 ―多様性の進化学―	岡田　博 植田邦彦 編著 角野康郎	A5・280頁 価格3000円
高山植物の自然史 ―お花畑の生態学―	工藤　岳 編著	A5・238頁 価格3000円
花の自然史 ―美しさの進化学―	大原　雅 編著	A5・278頁 価格3000円
森の自然史 ―複雑系の生態学―	菊沢喜八郎 甲山　隆司 編	A5・250頁 価格3000円
カナダの植生と環境	小島　覚 著	A5・284頁 価格10000円
北海道高山植生誌	佐藤　謙 著	B5・708頁 価格20000円
被子植物の起源と初期進化	髙橋　正道 著	A5・526頁 価格8500円
プラント・オパール図譜 ―走査型電子顕微鏡写真による植物ケイ酸体学入門―	近藤　錬三 著	B5・400頁 価格9500円
日本産花粉図鑑	三好　教夫 藤木　利之 著 木村　裕子	B5・852頁 価格18000円
植物生活史図鑑Ⅰ　春の植物No.1	河野昭一 監修	A4・122頁 価格3000円
植物生活史図鑑Ⅱ　春の植物No.2	河野昭一 監修	A4・120頁 価格3000円
植物生活史図鑑Ⅲ　夏の植物No.1	河野昭一 監修	A4・124頁 価格3000円
新　北海道の花	梅沢　俊 著	四六変・464頁 価格2800円
新版　北海道の樹	辻井　達一 梅沢　俊 著 佐藤　孝夫	四六・320頁 価格2400円
北海道の湿原と植物	辻井達一 橘ヒサ子 編著	四六・266頁 価格2800円
写真集　北海道の湿原	辻井　達一 岡田　操 著	B4変・252頁 価格18000円
普及版　北海道主要樹木図譜	宮部　金吾 工藤　祐舜 著 須崎　忠助 画	B5・188頁 価格4800円

北海道大学出版会

価格は税別